图1 格伦莱尔庄园，詹姆斯·克拉克·麦克斯韦在苏格兰邓弗里斯和盖洛威的家。庄园的房舍和周围的花园草地是麦克斯韦童年的游乐场，那里为培养出这位年轻的科学家提供了良好的条件。（见第21页）

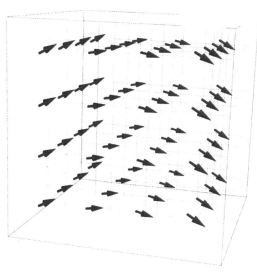

图2 场，麦克斯韦电磁场理论中的核心数学概念。箭头代表了场的方向和强度，灰色的网格是每个点在空间的坐标。（见第26页）

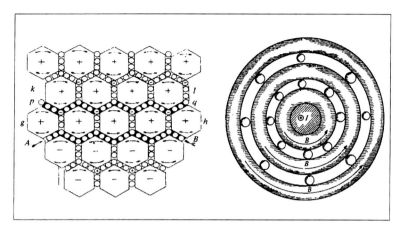

图3 麦克斯韦将磁场和电流绘制成一个机械装置。左边图中的六边形被称为"漩涡",代表磁场。它们中间的粒子携带着电流。右图是一个通电导线周围的磁场。(见第27页)

图4 拉斐尔创作的《雅典学院》。柏拉图(左)和亚里士多德(右)站在中间的拱顶下。画面前方,坐在中间位置的一边思考一边在写着什么的是赫拉克利特。在他的左边有巴门尼德、希帕提娅、毕达哥拉斯和阿那克西曼德。画面前方右侧使用圆规的是欧几里德。(见第32页)

图 5　1927 年第五届索尔维国际会议，召开在量子革命的高潮时期，人们对物质世界的经典认识正在被推翻。（见第 35 页）

图 6　双缝实验。一个激光（顶部）发出单一波长的光，透过刻有两个狭缝的挡板（中间）。光波从两个狭缝散射到四周并相互干涉，产生明暗相交的条纹（底部）。（见第 48 页）

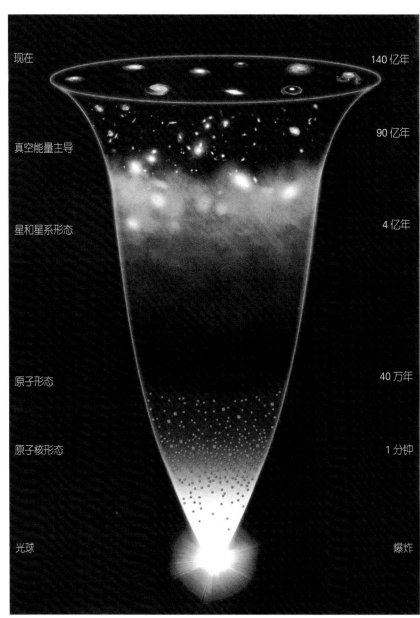

图 7　大爆炸中演化出来的宇宙。（见第 65 页）

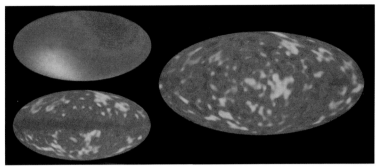

图 8　宇宙微波背景辐射的温度图。由美国航空航天局（NASA）的宇宙背景探测者（COBE）上的微差微波辐射计对全天进行观测。温度高的地方为红色，低的地方为蓝色。左上图是观测的原始图像，显示了由于地球运动所导致的不对称性。左下图是经过对地球运动改正后的图像，中间的一条红色宽带是银河系辐射。右图是去掉银河系的辐射后的宇宙原始的密度分布的变化。（见第 82 页）

图 9　Abell 2218 星系图，距离地球大约 2000 万光年。图中拉长的弧形发光体是星系团后面星系的图像。这些背景星系的图像由于星系团的引力场的引力透镜作用而被扭曲。这些扭曲的图像可以用来测量星系团内质量的分布。测量结果发现除了可见的星系、恒星和高温气体外，还有大量的"暗物质"。（见第 82 页）

图 10　设在南非开普敦的非洲数学科学研究中心（AIMS）。（见第 98 页）

图 11　2008 年来自 AIMS 的学生们庆祝"下一个爱因斯坦倡议"的启动。这个计划预计 10 年内在非洲建立 15 所 AIMS。照片中两个穿西装的人是 NASA 负责人迈克尔·格里芬（左）和当时南非的科学技术部长毛斯布第·曼盖纳（右）。头裹围巾的女生是来自苏丹的艾斯。第一排最右边的是来自喀麦隆的伊夫。（见第 100 页）

$$\Psi = \int e^{\frac{i}{\hbar} \int \int \left(\frac{R}{16\pi G} - \frac{1}{4}F^2 + \overline{\psi} i \not{D} \psi - \lambda \varphi \overline{\psi} \psi + |D\varphi|^2 - V(\varphi) \right)}$$

Feynman
Schrödinger
Euler
Planck
Newton
Einstein
Maxwell-Yang-Mills
Dirac
Kobayashi-Maskawa
Yukawa
Higgs

图 12 总结了所有已知物理定律的大统一公式。（见第 102 页）

图 13　位于瑞士日内瓦的欧洲核子研究中心（CERN）的大型强子对撞机（LHC）上的超环面仪（ATLAS）。这个大型设备（注意站在平台上的人）用来接受和分析由在它的中心的两个粒子束相互碰撞所产生的粒子。（见第 106 页）

宇宙的秘密

——从量子到宇宙

［加］尼尔·图罗克　著

董晓怡　译

科学普及出版社

·北京·

图书在版编目（CIP）数据

宇宙的秘密：从量子到宇宙 / (加) 尼尔·图罗克著；董晓怡译 .
— 北京：科学普及出版社，2016.7

书名原文：The Universe Within: From Quantum to Cosmos

ISBN 978-7-110-09408-2

Ⅰ. ①宇…　Ⅱ. ①尼…②董…　Ⅲ. ①宇宙—普及读物　Ⅳ. ① P159-49

中国版本图书馆 CIP 数据核字（2016）第 123067 号

著作权合同登记号：01-2014-5147

The Universe Within： *From Quantum to Cosmos* By Neil Turok

责任编辑	单　亭　崔家岭
装帧设计	中文天地
责任校对	王勤杰
责任印制	张建农

出版发行	科学普及出版社
地　　址	北京市海淀区中关村南大街16号
邮　　编	100081
发行电话	010-62103130
传　　真	010-62179148
网　　址	http://www.cspbooks.com.cn

开　　本	787mm×1092mm　1/16
字　　数	180 千字
印　　数	1-5000册
印　　张	11
彩　　插	8
版　　次	2016年7月第1版
印　　次	2016年7月第1次印刷
印　　刷	北京盛通印刷股份有限公司
书　　号	ISBN 978-7-110-09408-2/P·180
定　　价	38.00元

作者手记

我希望通过这部书能够将科学技术的发展与人类自身连接起来。

这不是一本教课书。虽然我讲解了一些物理学中最重要的理论及其发现过程，但是我并不打算有条不紊地描述物理学的发展历史，也不想详尽地描述物理学家们所做的贡献，取而代之的是以我的个人经历以及我认为重要的人物、时间和地点作为线索去描写。历史人物总是生动有趣的，谈他们的故事也是为了向读者们说明一个人的潜能是巨大的，而且往往超出我们的预想。我不是哲学家、历史学家或文学艺术的评论家，但我从不同的角度去审视在人类知识不断深化过程中所面临的社会环境以及知识深化对社会所产生的影响。这是一个庞大的课题，首先在这里我要为我有限的视角和主观的抉择致歉。

我的目的是与读者一起庆祝人类认知宇宙的能力，识别这种能力在人类相互紧密合作中的作用，思考它对人类未来的意义。

我曾与许多出类拔萃的科学家共事，分享对事物的深刻理解，他们指导和帮助我的事业发展，我从他们那里得到的益处数不胜数。同样地，很多人并不是科学家，但是他们用自己的生命诠释了作为一个人的真谛，从他们的事迹中我也得到了很多鼓舞。科学和人道主义其实就是同一事物的不同两面。只有将他们有机地结合在一起，我们才能体现人生的最大价值。

目录
CONTENTS

第一章
万能的魔法

当一个人意识到他每日的工作都是他一生工作中不可或缺的一部分，并且会融化为人类成果的一部分时，他就会感到快乐。

——詹姆士·克拉克·麦克斯韦[1]

在我三岁时，父亲因为反对南非的种族隔离制度被逮捕了。不久母亲也被抓进监狱关了六个月。这段时间我和祖母住在一起。我的父母不信教，但祖母是基督科学会的成员。对于我，祖母那里的一切都是那么的新奇。我很喜欢赞美诗，但更喜欢《圣经》，因为它里面似乎装着世间一切的答案。不过我想要的不是一本厚厚的《圣经》，而是越小越好，这样我就可以随身携带了。

祖母经不起我的软磨硬泡终于给我买了一本书店中最小版本的《圣经》。虽然那时我还不能自己读，可我走到哪都带着它。即使在那么小的年纪，我最希望的就是捕捉和拥有真理，以及真理所带来的确定性和正能量。

父亲因危害国家罪被判处了三年六个月的徒刑。其他参与者就没有那么幸运了，虽然罪名很轻却被判处了终生监禁。父亲出狱后就被软禁在了家里。不久他逃到了东非。我们一家人也跟随他去了坦桑尼亚，几年后又辗转到了英国伦敦。在那里，我们加入了一个小型的南非流亡者的社区。虽然我们在陌生、潮湿又阴暗的环境中挣扎度日，父母一直没有放弃他们的信念。"总有一天"，他们经常对我们兄弟几个说，"一切都会改变的，南非会自由的。"

在当时，这些话对于我们是难以置信的。20 世纪的七十年代到八十年代，我在伦敦读了高中，上了大学，可家乡的状况却始终显得毫无希望。种族隔离制度不但在清一色的白种人选民中非常受欢迎，而且还有强大的海外支持。南非甚至开始了核武器的研制和试验。少数异己政见的组织成员被轻易地逮捕入狱。索韦托的学生抗议活动被残酷镇压后更是处在警察的铁腕控制下。

突然，一切都改变了。

黑人相对于白种人是低劣人种的论点被证明是错误的。在南非境内，来自占绝大多数人口的黑人的平等诉求不能再被压制。越来越多支持种族平等的国家开始对南非进行制裁。1993 年纳尔逊·曼德拉的被释放，彻底改变了南非的政治氛围。占人口极少数的白种人意识到，种族隔离制度已经不能再继续进行，未来的南非应该是推行公民普选和人人机会平等。基于种族优化论的种族隔离制度终于在南非被废除了。南非的变革毋庸置疑地来自于人们对正义的追求。正义是公平、平等和人权的基石。无论种族、文化和宗教信仰，人们为了捍卫正义奋斗终生甚至牺牲生命。正是这股强大的力量战胜了种族主义所聚敛的特权、财富和武器，使南非获得了解放。

我父母是对的：一个好的想法可以改变世界。

当前，我们生活在一个充满问题却又缺乏真知灼见的社会。经济不稳定，过度消费，环境污染，能源和原材料的短缺，气候恶化和日益增长的贫富不均都是我们正在面临的巨大挑战。这些问题是我们人类造成的，也是我们人类可以解决的。但是我们现在却总是目光短浅、急功近利。要想真正解决人类面临的危机，我们应该放眼未来，找到根本的和持续性的解决方案。

我们的技术发展已经接近瓶颈，自然资源也快消耗殆尽，人类的生死存亡未卜。我们是否有能力找到一个更好的方式来利用我们的星球呢？我们是否有能力发现新的科学技术引领我们走向一个光明的未来呢？归根结底，我们到底是什么呢？难道我们只是随机的基因突变和自然选择的产物，即将走到它的尽头？我们还是有能力成为革新的引领者，跨入一个崭新又美好的新纪元呢？

在这里，我想谈一谈我们认知世界和在思想中构建宇宙的能力。正是这种能力使我们能够描述小到亚原子尺度的粒子，大到整个可以观测到的宇宙。也正是这种能力催生了现代所有的科学技术，比如我们日常用于通信的手机和人造卫星都是现代技术的产物。这种能力是人类最宝贵的财富，也是最可以无偿分享给他人的。追寻历史我们不难总结，认知和构建宇宙的能力就是开启未来之门的金钥匙。

纵观历史，革新从来都不是偶然事件。当我们固有的知识与现实的世界之间的差距不能再通过对已有理论的修修补补来抹平时，我们可以做的是退后一步，从更广阔的角度去考虑问题，用不同的方法去破解这个新世界和理解它潜在的各种可能性。每当这个时候，一个全新的规范会浮出，引领我们跨入崭新的、超乎想象的知识前沿，人类社会也就向前推进了一大步。物理学正是这样一次又一次地改变了世界和人类社会。

自古以来，以下几个问题对人类总是同等的重要："我是谁？"指的是对个体的认知与肯定；"我们如何生活？"指的是人与人之间的相互关系；"我们如何立身于世界？"指的是人类与自然和宇宙的关系。我们关心的这些问题似乎都远超出了日常生活的范畴。我们为什么能够理解那些远离现实生活又与我们的生存毫不相干的事物呢？这种不断进化的理解能力似乎预示着一次次的革新是注定要发生的。那么人类的这种能力又将带来什么样的未来呢？

我们最初是如何假想到希格斯玻色子的存在，又建造了分辨率是原子大小十亿分之一的显微镜——大型强子对撞机来搜寻它呢？我们是如何发现了宇宙演化的规律，又制造了卫星和望远镜去观测比太阳系的边缘还要远十万亿倍的地方来验证这些定律的正确性呢？我认为我们可以从物理学家这些非凡的成就中得到鼓舞。同样的物理学家们也可以通过对自身学科的起源、历史，以及与社会的联系为科学研究找到更明确的目的性。

我们即将迎来的是更显著的变革。我们都体验到了移动通信和互联网对全球化的推进，提供前所未有的信息量和教育空间，这还只是新技术改变人类的开始。我们现有科学的发展是基于也受限制于我们对物质的认识的。要推动科技的进一步发展，我们必须逾越对世界的固有认识。科学技术的发展会为我们认知世界的能力和生活方式带来翻天覆地的变化，最终改变我们人类。

互联网的应用只是一个开端。量子技术可能会从根本上改变我们处理信息的方式，使我们更深入地了解物质世界的本质和规律。随着我们对物质世界的认识不断深入，我们对宇宙的描述就会更接近于真实的宇宙。这些知识的进步会带来技术的突破性发展。他们将改变我们人类，使我们发挥出更大的潜能。

展望未来，我们应该探索和理解物质世界，成为宇宙发展的一个组成部分。我们不是物质世界发展的随机副产品，而是引领它不断革新的前沿力量。我们认知和理解世界的能力决定了我们在宇宙中当前和未来的地位。科学界与社会大众的目标应该是统一的。

在卡尔·马克思的墓碑上刻着下面这段话："哲学家们只不过是通过不同的方式来诠释世界。真正重要的却是去改变世界。"我在这里借用甘地的一句话，"真正重要的是，成为改变世界的力量。"

· · · · · ·

　　我非常幸运地在人类文明的发祥地非洲居住了数年。我记忆最深刻的是参观恩戈罗恩戈罗火山口，塞伦盖蒂国家公园和奥杜威峡谷。早在两百多万年前人类的祖先就曾在这些地方居住过，现在这里仍生活着狮子、鬣狗、大象、水牛等众多野生动物。大多数野生动物都是很危险和极具攻击性的。比如一只成年的雄狒狒可以重达 100 磅（约 45 千克），而且长有巨大的门牙。但是它们都很惧怕人类。如果你在那里露营遇到大个头的狒狒来偷食物，你只需要握块石头挥挥手臂，它就会被吓跑。

　　虽然我们人类的肢体比起其他动物来很软弱，但是我们人类却成为了动物王国的主宰。这是因为我们能够直立行走、投掷石块、使用工具、制造火焰和建造聚居地。这些在动物界看似新奇的行为不但证明我们比其他动物更聪明，还使得其他动物对我们产生了一种天然的恐惧感。我曾经看到一个马赛人手持长矛在灌木从中悠闲的穿行，好像周围的一切都由他主宰，而周围的大象和水牛在远远地闻到人类的气味就避让开了。我们对自然的掌控是从生活在非洲的远古人类开始的，他们理应得到我们的尊敬。

　　使用工具和农耕之后的第一个重大技术革命来自于数学的发展。我们开始通过计算和几何等方法来理解自然界的规律。很多古老的数学工具在非洲被发现。 斯威士兰出土的一块狒狒的腿骨上有 29 个刻槽。这是迄今为止发现的最早的数学工具。它出现在公元前三万五千年左右，很有可能是用来记录自然月的。仅次于它的是出土于刚果东部的另一块狒狒腿骨。这块腿骨出现在公元前两万年前，很有可能是用来做简单算数的。在埃及南部接近苏丹边境的纳巴塔·博累亚有一个用巨石摆放出的圆阵，它建于公元前四千年，是目前发现的最古老的天文台。不能不提的还有从公元前三千年开始建造的大型金字塔群。很显然，数学使我们能够更准确地描述自然界，制作计划和预见结果。

虽然没有文字记载，但"数学是揭示宇宙真理的工具"的观念普遍认为来自于公元前六世纪的古希腊哲学家毕达哥拉斯和他的信徒们。毕达哥拉斯学派发明了"数学"这个名称。他们认为数学"证明"指的是一种逻辑论证，它是那么的强大以至于它的结论是唯一的，没有任何不确定性。毕达哥拉斯定理指出，分别以直角三角形的三边画正方形，最长边的正方形面积等于另两边正方形面积之和，这就是最有名的数学证明〔当然，早在公元前一千八百年的古代巴比伦（今巴格达附近）的石板上就有船员使用这个定理的记载〕。

毕达哥拉斯学派在意大利南部的克罗顿创立了一个教派，致力于研究数学的神奇魔力。他们的一个成就是发现了音乐中的数学规律。将一根绷紧的弦分为两半会产生高八度的音阶，将其三等分音阶比新音阶高 5 度，将其四等分会再高 4 度。他们认为既然数学能够用如此简单明了的方法描述音乐的和弦，它也可能用于描述宇宙和自然界的其他现象。基于阿那克西曼德（很多人认为他是历史上首位科学家和毕达哥拉斯的老师）早期的理论，毕达哥拉斯学派"试图用数字构造整个宇宙"。[2] 这个出现在牛顿之前两千年的理念成为了所有物理理论的奠基石。

在毕达哥拉斯学派的建议下克罗顿的统治者制定了宪法，从而促进了城镇经济的繁荣。但是普通民众认为他们过度神秘和崇尚精英理论。一个历史学家曾经说，"他们这种高人一等和独享深奥知识的态度在一定时期肯定令普通民众对他们难以容忍。"[3] 这很有可能最终导致了毕达哥拉斯学派的悲惨下台。其中一种说法是毕达哥拉斯本人被谋杀了。科学家和普通社会民众日常生活相脱节是非常危险的，毕达哥拉斯学派的最终倒台就是人类社会早期的一个反例。

这种科学家与社会的分离在人类社会发展过程中不断出现。比如在中世纪的欧洲，大学学士的课程包括拉丁语、逻辑学和修辞学（被称为"三学科"），这些技能用于外交事物、政府运作和公众演讲。对于那些继续修读硕士的人们，他们会学习"四艺"包括算数、音乐、地理和天文。随着人类知识的广度和深度的增长，知识种类的划分越来越精细，它们不可避免地被划分成了科学和非科学。在一次影响深远的讲座中英国物理学家和作家 C.P. 斯诺指出"两种文化"——自然科学与艺术和人文科学的分离是人类社会发展的重大障碍。我也认为这种划分是非常不幸的。难道科学不是一种艺术吗？难道科学家可以与人性和道德分离吗？

美国著名的物理学家理查德·费曼是我心目中的英雄。从他的写作、教学和我们的交往中我时刻都感受到他高尚的品德和人格魅力。在他从事核武器研究时非常担心这种毁灭性的武器会给人类带来无可挽回的后果。"美籍匈牙利裔数学家约翰·冯·纽曼给了我一个非常有意思的建议：你不需要对世界负责。"费曼后来回忆到，"我接受了冯·纽曼的建议，努力迫使自己不再考虑对社会的责任。自从那以后，我已经成为了一个非常快乐的人。"[4] 在费曼发表这番言语时，我还只是个年轻的科学家。我对他这种虎头蛇尾的做法非常失望，也很不理解，因为他的这些言论与我认识的他互相矛盾。直到很久以后我才理解他的无奈。费曼热爱物理，但他也知道如果使用不当，自己的研究成果很有可能造成反人性的后果。费曼无法面对残酷的现实，只能用否定自己对社会的责任的方式来逃避和解脱。

分离科学和社会是有害的。科学的特点是民主的、宽容的和豁达的，它反对教条主义，接受事物的不确定性。从很多方面来看，科学是社会的典范。如果科学家们研究的课题得到广泛的关注，并且对社会的进步具有贡献，科学家们会受到鼓舞而更加努力。18 世纪苏格兰的哲学家大卫·休谟写下这样一段话："看上去，自然指出了一种适合人类生活的方式……放纵对科学的热情，但不要忘记科学与人的行为和整个社会的关系。"[5] 他同时指出，社会对于审美观和道德观的关注也可以从科学中受益："准确在任何情况下都比所谓的美丽更重要，理性的推断远胜于温柔的情感。"[6]

休谟 12 岁就进入爱丁堡大学学习，这个年龄在苏格兰的启蒙运动时期并不少见。"没有什么教授们传授的知识是不能在书中找到的。"[7]他在离开爱丁堡不久前的一封信中这样写道。他的独立思考能力在那个时期就已经体现得淋漓尽致。正是那个时期他发现了自己对哲学的热爱。毕业以后，他花了 8 年的时间完成了他的哲学巨著《人性论》，其中的第一卷后来被命名为《人类理解论》。

即使在今天，休谟的《人类理解论》也会为读者带来一些清新的理念。他的观点具有独创性，他的文风谦虚而又平易近人，是和蔼的劝说艺术的典范。他的强有力的论证推翻了两千多年的空想论。

休谟的革命性理论影响深远，其实它们是基于一个非常简单的想法：我们的存在、情感和经历是我们一切思想的基础。想象力是强大的，但是它不能替代我们对自然的感觉和本能。"再生动的想象在真实的感觉面前也会暗淡无光，"[8]进一步讲，"如果没有之前内部或外部感官的经验，我们也不可能有任何的想象。"休谟认为，即使数学中抽象的数字和形状，追根究底也是基于我们处理自然现象积累的经验。[9]

休谟确信，我们的感知和情感——我们内心和外表的经历——是我们知识的基础。这是一个非常民主化的观点：知识不是少数人的特权，它是建立在每个人都拥有的能力基础上的。在肯定数学作为认识自然界强大工具的同时，休谟也警告我们理论不能远离现实世界："如果我们仅依靠理论来做假设而不去参考现实和经验，那么我们可以构造出任意的结论。结果就会导致荒谬的结论，比如一个掉落的鹅卵石可以毁灭太阳，或者人类可以控制行星的轨道。只有通过经验，发现自然界的因和果，我们才能够从一个事物的存在推论出另一个事物的存在。"[10]通过持续的强调经验的重要性，休谟把奉在"神坛"上的科学拉回到了现实生活，使得科学更具有人性化，与"我们是谁？"和"我们能做什么？"这些基本问题的联系更紧密。

休谟的坦率和怀疑主义立场导致了与教会的冲突。他的《自然宗教对话录》(类似于伽利略的《关于托勒密和哥白尼两大世界体系的对话》)虚构了三个古希腊人辩论信仰的有效性,比如是否存在造物主,灵魂是否不朽和宗教对于凡人的作用等。在书中他鼓励开放的讨论方式,不刻意贬低任何一个辩论者,语气也委婉尊敬。休谟的朋友认为这是一部里程碑性质的著作,但是发表会带来危险。这部书直到他死后三年才匿名发表,出版商也没有署名。

休谟采用一种统一的方法去处理自然和道德哲学问题,他把这称作"人的科学"。他表示我们要平衡它们的优点和缺点:"我们要提高道德哲学和形而上学的水平,最主要的障碍在于概念和术语的含混不清。数学研究的最主要障碍在于要得出结论需要在长度和广度范围同时论证。也许,滞后我们在自然哲学上进步的主因是对恰当试验和现象的需求。不论我们有多么的勤勉和谨慎,它们总是可遇而不可求的。"[11] 休谟的观点非常有预见性。19 世纪,层出不穷的试验和观测,推动了一个"发现的时代"的到来。甚至在 20 世纪,爱因斯坦也深受休谟的影响,他的核心观念与休谟关于试验和现象的看法一致。[12]

休谟提出的理论在现今仍有意义。我们科学研究的能力根植于人与宇宙的关系和人类的本质。我们的感觉和本能比我们的观念更本质。我们可以根据某种观点想象很多事情,但是它们可能是不可靠的、不合理的或不正确的。只有现实世界才能保证我们所构建的一切是诚实可信的。

科学的真谛在于发现:发现宇宙和人类自身。我们在寻找答案,随着一个问题的解决,又会引领出新的问题。宇宙中生命的意义是什么呢?我们存在的目的是什么?大多数科学家对于这些问题避而不谈,认为它们超出了科学涉及的范畴。我却认为这些问题是至关重要的。我们做事情的原因到底是什么?难道我们只是像一些科学家认为的,是以复制传承我们的基因为目的的生物机器吗?我认为我们存在的意义远大于此。那么我们从哪里可以汲取智慧呢?

休谟关于知识的哲学观念与他对道德和社会的主张紧密相连。诚实和良好的品质决定科学家的实力，也是衡量好市民的准则。而这些品质都来源与我们与自然和宇宙的联系。

· · · · · ·

当我还是个小孩时，我会花好几个小时观察蚂蚁。我很惊讶这些幼小的生物会如此坚定地走出或回到它们的洞穴。它们是如何处理突发事件的呢？比如在它们的路中间多了一根树枝，或者被雨浸湿，甚至被风吹跑？像我们人类一样，它们一定也在不停地采集周围的重要信息，更新头脑中由这些信息构建的模型，权衡各种选择，然后做出决定。

人脑的工作原理是相似的。我们每个人都有一个内部的世界模型，我们用它来不停地与我们感受到的信息做比较。这个内部模型选择性的代表外部的现实世界，它只包括对我们最重要的元素和对这些元素未来变化的预见。当我们从各个感官接受到信息时，引起我们关注的是那些让我们感到惊奇的信息——我们的实际经历与我们的模型预见的不同之处，我们不得不改动我们的内部模型。科学是这种本能能力的延伸，它使得我们在更深的理解层面构建知识，从而更好地描述现实世界。

数学是最有价值的工具之一。如果我们把自然界简单到其最基本的元素，数学很有可能就成为了最有价值的工具。数学建筑在数字、形状和维度这些抽象的概念上，它们被剥离了与现实任何具体事物相关的属性。它们以一种神奇的不可预测的方式对我们的自然本能和直觉进行补充。比如，透视和阴影是纯粹的几何概念。但是当它们第一次被中世纪的意大利画家运用到绘画中时，油画从二维世界的中世纪符号一跃成为三维世界中无限丰富的文艺复兴艺术。

列奥纳多·达·芬奇把艺术和科学融合在了一起。最著名的是他的绘画作品，有些堪称世界上最优秀的作品之一。他也创作了很多速写，比如，想象的机器和发明，植物和动物，以及通过非法解剖尸体得到的人体内部结构图。

列奥纳多从来没有发表他的速写，但是他有记录个人笔记的习惯。他的笔记虽然保留了下来，却不是按顺序整理排列的。在一段用镜像书写的草书中，列奥纳多以对权威的抵制开篇："我很清楚地知道我不是一个很能写作的人。一些自以为是的人们会因此指责我是个没教养没文化的人。愚蠢的家伙！……我的课题是用来解释试验现象的，而不是空洞的文字理论。"[13]

列奥纳多并不反对理论，相反的，他曾经说过："如果不是一个数学家，就不要来读我的作品。"[14] 在另一处他又说："有关机械科学的书籍远比有关发明创造的书重要。"[15] 如同古希腊人，他是理性力量的拥护者。

作为一个艺术家，列奥纳多对光线、透视和阴影的着迷是可以理解的。为了解释光是如何被接收的，他在笔记本中绘制了一个由直线组成的光锥，它们的相交的顶点则是我们的眼睛。类似的，他也详尽地解释了阴影是由于光线受到遮挡造成的。他的很多数学想法可以追溯到著名的阿拉伯科学家海什木（Ibnal-Haytham，965—1040）。他生活在公元一千年左右的埃及和伊拉克，他的《光学》(Kitab al-Manazir) 著于 1021 年，并在 14 世纪的意大利出版。

对透视和光影的科学研究，对人体结构的深入了解，以及对几何构图的熟练运用使得列奥纳多绘制出了很多令人惊叹的作品。他不但准确地捕捉现实世界，还很顽皮地加入了一些令人信服的虚拟景观（比如《蒙娜丽莎》的背景）和历史场景（比如《最后的晚餐》）。几何和光学的发展带来的艺术的转变随处可见。在文艺复兴之前，绘画作品更像是描绘世界的卡通。而文艺复兴时期，现实的表现手法则成为了主流。

有了数学的帮助，我们对世界的理解就不会只局限在我们的本能。数学模型是现实世界的一种表象。我们通过不停地尝试和发现错误来改进和完善这个模型。就如同人类在不停地发展变化，我们的模型也在不断地进化，稳步地提高。就像爱因斯坦说的："数学定律相对于现实来说是不确定的。如果它们是确定的，它们也就不再能体现现实世界了。"[16] 换句话说，生存在一个复杂的世界里，我们人类自身能力是有限的。在这种情况下，我们能做的最好的就是集中精力去理解自然界的最基本的规律。

从行星的轨道运动、原子和分子的结构到宇宙的膨胀，很多自然界的基础特性都可以被简单精美的数学定理精确地预测。据传意大利数学家伽利略·伽利雷曾经说过："数学是上帝用来书写宇宙的语言。"[17] 毋庸置疑，数学由无懈可击的逻辑规律所构成，确实是非常强大的语言。

拿 π 举个例子。圆的周长是它的直径与 π 的乘积。巴比伦人最先估算它的值为 3，古希腊科学家阿基米德（公元前 287－212）估算它的值介于 $3\frac{1}{7}$ 和 $3\frac{10}{71}$ 之间，而后中国数学家祖冲之（429－500）估算出它的近似值为 355/113。π 是个很奇特的数字。它的最奇特之处在于，任意画一个圆，π 值永远都是 3.14159……它的小数点后的数字一直延续下去，永远不会重复（无限不循环小数）。不仅如此，不管是一个篮球还是一个行星，如果我们要计算它的面积或体积，我们都需要 π。在物理学里也到处都是 π 的身影：它出现在计算钟摆周期的公式里，用来计算电子或离子的相互作用力，甚至激波的强度。而这还只是开始。

我们不知道为什么数学规律能够描述自然界，但它就是可以。[18] 最不平凡的是这些规律超越了文化、历史和宗教。不论你是墨西哥人或尼日利亚人，是天主教徒或穆斯林，还是说法语、阿拉伯语或日语，不论你是生活在两千年前，还是两千年以后，圆总是圆形的，2 + 2 总是等于 4。

数学定理是可靠的、永恒不变的。正是基于这些特性我们构建了我们的社会。我们可以计算、规划、绘制图表。从水电的供给，到建筑、互联网和修建公路，再到金融、保险和市场预测，甚至电子音乐，数学成为沟通现代社会的隐形管道。我们一向认为这些管道的存在是理所应当的，直到有一天有个管道爆裂了，它们才又引起了我们的重视。我们必须意识到数学模型的有效性是受限于它的假设的。如果假设是错的或受到了异想天开和贪婪的腐蚀，就如同前段时间的经济危机，数学模型不再有效，我们整个世界都跟着遭殃。

不同于数学家，物理学家关心的是指导宇宙运行的最基本规律。理论物理就是运用数学去描述最基本的现实元素的，它是数学性的科学的黄金样板，也是我们相对于现实世界构建的最有力的内部模型。

让我们再回到16世纪末17世纪初的意大利，在那里，伽利略迈出了开创物理学科的第一步。他认识到当数学与精心设计的试验和准确的测量结合在一起时，它们可以更有力地描述现实世界。利用数学，我们可以超越平常的经验去构建描述世界的模型，我们还可以利用数学去寻找现实世界与模型相互矛盾的区域。这些不同往往暗示新现象的出现。伽利略是第一个认识到试验和观测的重要性的人。归根结底，只有试验和观测能够检验我们的模型是正确还是错误。

通过逻辑推理、观测和详尽的实验，伽利略开拓出一个全新的通用学科——物理学。伽利略的球体滚下斜板的实验，木星月亮的观测和金星圆缺的观测为推翻托勒密的地心说，建立哥白尼的日心说提供了重要的线索。这是迈向牛顿宇宙学的第一步。

伽利略是个惊人的发明家。他发明了几何罗盘、水钟、新型温度计、望远镜和显微镜。所有这些仪器使得他能够更精确地观察和测量这个世界。他甚至为了他的研究甘冒生命危险。他认为有关运动的普适性的定律是可以通过推理得到的，这一论点对教会的权威性构成了极大挑战。当伽利略的观察结果支持哥白尼的日心说时，他受到了宗教裁判所的审判。他被判忏悔并终生监禁在家中直到去世。他利用被囚禁的时间完成了他最后的一部著作《论两种新学科及其数学演化》。这部书为牛顿力学奠定了基础。因为他的这些成就，伽利略被爱因斯坦称为"现代物理学之父和现代科学之父"。[19]

伽利略是数学理论和试验相结合的研究方式的倡导先锋。从电子产品到建设工程，从激光到太空旅行，这种研究方式推动了现代科学技术各方面的发展。从小于原子的尺度大到整个可视宇宙都是我们可研究的对象。当然我们的知识体系中还有很多空白。但是，回顾从伽利略时期到现在物理学的迅猛和长足的发展，谁又不会相信未来的发展是无限的呢？

· · · · · ·

我对物理和数学的兴趣是从 7 岁开始的。1966 年我父亲从监狱中被释放了，但他却处于时刻会再次被捕的危险。于是他经南非与博茨瓦纳的边境辗转逃到了肯尼亚。过了很久，我母亲和我们兄弟三人才获准与我父亲团聚，前提是我们再不许返回南非。但是作为难民，因为没有护照，我父亲无法工作。因为邻国坦桑尼亚总统朱利叶斯·尼雷尔对反种族歧视的斗争更加支持，我们转而申请了坦桑尼亚的避难许可。于是在内罗毕短暂停留了一段时间后，我们搬到了坦桑尼亚最大的城市达累斯萨拉姆。

我被送到了一家政府开办的学校去读书，在那里我遇到了玛格丽特·卡尼，一位来自苏格兰的非常优秀的老师。她鼓励我参加各种科学活动，比如绘制学校的地图、安装电子马达和尝试各种公式变换。她热爱教学，总是非常支持我，从不拘泥于程式。她给了我很多自由发挥和想象的空间，最重要的是她相信我能成功。

我 10 岁时全家迁到了伦敦，我们正好赶上"阿波罗 11 号"登月，并且通过电视目睹了尼尔·阿姆斯特朗脚踩月球的那一刻。在传来的图像上，地球像一个巨大的蓝色大弹子球漂浮在月球地平面的上空，这样的场景恐怕谁看到了也不会忘记。我们那时都振奋不已，兴高采烈地憧憬着未来。

那是 20 世纪六十年代，太空一下变成了最酷的话题。街头巷尾男女老少都在谈论，那种兴奋的状态是很难用言语来描述的。它象征着人们希望征服太空的雄心。就如同用登山绳可以征服高峰，我们也可以借助科学技术这个登山绳征服宇宙。

同样扣人心弦的是一年后的"阿波罗13号"事故。设想一下，你在距离地面32万千米的太空，周围空荡荡的什么也没有，突然你听到了一声巨响。"休斯敦，我们遇到了问题……"其中一个氧气罐爆裂了，珍贵的氧气正不停地流失到太空。三个宇航员只好挤在唯一的救生舱中，这是一个很小的月球探测仓，而且它自带的燃料绝对不够飞回地球。整个事件的过程像是一出令人难以置信的戏剧。每天电视里都在播放"阿波罗13号"的消息。世界各地的人们都在紧张地关注着最新动态。大家都在问的问题是宇航员怎么可能生还呢？

美国航空航天局（NASA）的工程师设想出了一个非常出色的解决方案。他们先利用月球的引力把探测舱拽到月球的轨道，然后绕过月球的背面，把探测舱摔回到地球。几天之后，一个外表热乎乎的铁罐子坠入了太平洋。宇航员们从打捞上来的探测舱里被解救了出来。他们通过电视向大家挥手致意时一个个都面容憔悴，胡子拉碴，但都令人难以置信地活着。这简直就像是魔法。

计算这次探测器运行轨道的公式来自于理论物理学的奠基人，也是有史以来最伟大的数学家艾萨克·牛顿。

牛顿和伽利略一样与他同时代的人比起来更有远见。他出生在一个普通的家庭，却拥有极不寻常的智慧。牛顿受深厚的宗教影响，却对自己的信仰缄口不言。比如，他曾经强烈地反对三圣一体的观念，却在剑桥的三一学院度过了他的科学研究时光。牛顿似乎在很大程度上受到了神秘主义的驱使，他写作的关于解释圣经和各种神异事件的文章远比与科学相关的文章要多。著名的经济学家约翰·梅纳德·凯恩斯在一次拍卖中得到了一箱牛顿的手稿。他这样评价牛顿："牛顿不是理性时代的第一人。他是最后的一代魔法师，最后幸存的巴比伦和苏美尔人。他也是最后一位能够运用 /

使用与生活在一万年前人类文明刚刚开始时的先贤同样的视角去审视可见世界和理性知识结构的大师。"[20]

牛顿在他大部分的早期研究生涯中致力于炼金术，包括研究如何把基础元素转化为金子以及寻找长生不老的灵药。他的研究没有一项成功，却使自己中了水银的毒。一般认为牛顿在 51 岁时曾一度精神崩溃，这很有可能是那次水银中毒留下的后遗症。自那以后，牛顿基本上放弃了严肃的科学研究。

牛顿的神奇之处体现在他对数学理论的研究上。他希望找到既能描述地球上的物体运动又能描述天上行星运动的数学公式。他不但成功了而且他的公式还出乎意料的简单。16 世纪晚期，丹麦天文学家第谷·布拉赫建造了当时世界上最好的天堡天文观测站。第谷对一系列天体的位置做了精确的测量。他的学生，德国数学家和天文学家约翰内斯·开普勒成功地用经验关系对这些观测数据做了拟合。但最终是牛顿将伽利略的日心说观点发展成为完备的数学理论。

在伽利略之前，哥白尼已经提出了地球并不是宇宙中心的观点。当时占主导地位的地心说理论可以追溯到亚里士多德和托勒密。他们认为太阳、月球和行星都位于一个以地球为中心环环相扣的巨大天球系统中。经过细致的规划，它们可以与观测的结果很好地吻合。亚里士多德认为地球的本质就是应该不动的。地上的物体要遵循地球的规律，而天上的物体则要遵循天球的规律。

牛顿的观点则大不相同。他认为相同的定律应该适用于地球、太阳系，甚至整个宇宙。牛顿万有引力定律是迈向"统一理论"的第一步，它的最重要和影响深远的观念在于，一个唯一的而又简洁的数学定律可以描述所有的物理现象。牛顿的万有引力定律指出两个物体间的相互引力大小取决于它们的质量和距离。越重的物体它的引力和被吸引力越强。距离越远相互引力越弱。

　　为了解决重力定律，牛顿发展出了一套关于力和运动的理论。这套理论需要一个全新的数学领域"微积分"。微积分是研究连续过程的，比如一个运动物体的位置是由一个时间的函数给出的。 微积分是完全建立在无限小的数值基础上的 ， 速度用来测量位置变化的快慢，加速度用来测量速度变化的快慢。速度和加速度都是在趋近无限小的时间间隔计算的。牛顿的万有引力定律可以应用在比地球重力和太阳系内的行星运动更广阔的领域。比如当外力作用在一组物体上时，万有引力可以预测这些物体的运动方式。

　　在描述物体运动时，牛顿是从一种假想的理想状态开始的。假设我们把一个物体放入真空的环境结果会如何？让我们考虑一个具体的例子。想象一个冰球漂浮在无止境的真空中。让我们忽略重力和任何其他的作用力。这个冰球会怎么样呢？如果它的周围没有任何参照物来标明它的位置，我们又如何判断它是静止还是运动的呢？

　　现在想象第二个冰球同样不受束缚地漂浮在真空中。再想象两个袖珍的小人，分别站在两个冰球上，看向另外那个冰球，他们会看到什么呢？每个冰球又是如何运动的呢？

　　牛顿的答案很简单。从任何一个冰球看去，另外一个冰球永远以匀速沿直线运动。如果想象更多性质一样的冰球，从任何一个冰球看来，其他冰球都以相同的方式运动。这就是牛顿运动学第一定律："在无外力作用下，物体运动速度不变。"

　　让我们回到地面上一个平整光滑的溜冰场上。世界最好的冰面平整机刚刚在冰面上工作过。想象一个冰球在冰面上沿直线滑行。而你在它的旁边一边滑一边用冰球杆推冰球。如果从侧面推，冰球的轨迹就会弯曲；如果从后面推，冰球就会加速滑行。牛顿第二定律用一个公式描述了上面的两种情况："作用力等于质量乘以加速度"。

　　最后，如果你去推冰球、推另一个人或者是推溜冰场的一侧，它们都会以同样强度的力反向的推你。这一现象可以用牛顿第三定律来解释，"任何作用力都会有一个同样强度的反方向的反作用力"。

牛顿三定律看似简单却非常强大。在 20 世纪之前它们可以用来解释任何与物体运动相关的现象。它们解释了由于太阳的引力，行星被迫围绕太阳运转，就如同连接旋转的石头和中心的绳子在拉着石头绕中心运动。根据牛顿第三定律，在绳子拉住石头的同时，石头也在同时向外拉绳子；就如同在太阳把地球向中心拉时，地球也在把太阳向外拉。这种相互作用导致太阳的位置随着地球的绕转而不停地摇摆。对于遥远的恒星，如果它有行星，那么它的位置也会来回摆动，导致我们观测到的来自它的光的颜色会有微弱的变化。这种现象已经被用于寻找太阳系外的恒星 - 行星系统。作用力和反作用力的一个更著名的例子是月球引力对地球海水的影响造成的潮汐现象。

这些定律都暗示了一个从伽利略就开始认识到的观念：真正有意义的是相对位置和物体的运动。伽利略指出，一个人随同一艘匀速行驶的船航行，如果只参照船上的物体，比如一个飞来飞去的苍蝇，他无法判断船是否在运动。我们也有类似的体验。比如我们坐在以每小时 1000 千米速度飞行的飞机里，却觉得和坐在自家的客厅里没有分别。

回到我们的溜冰场上，我们可以观察到类似的现象。设想有两个冰球以相同的速度平行滑行。相对于任何一个冰球，另一个冰球都是静止不动的。但是从第三个冰球看，前两个冰球都在以同样的速度直线滑行。在这个场景中重要的是相对位置和冰球的运动。因为牛顿定律不涉及速度，所以在一个任意匀速移动的冰球上的观测结果依然适用于其他同样匀速运动的冰球，所有的观测者都受到相同的力和加速度。

对于以同样匀速运动的观测者来说，他们观察到的运动规律是一致的。这个观点非常重要，它解释了为什么虽然地球以每秒 30 千米的速度绕太阳运动而我们却感觉不到。就如同伽利略指出的，我们之所以意识不到地球的运动旋转，是因为我们周围的一切也在和我们一起以同样的速度跟着地球运动。现在我们已经知道太阳正以高达每秒 250 千米的速度绕银河系的中心运动，而银河系更是以每秒 600 千米的速度在星系际间穿行。我们是名副其实的星际旅行者，但是因为牛顿定律与速度无关，我们一点也觉察不到我们的运动。

重力就像是一个看不见但又无处不在的纽带。地球引力可以影响近到一个篮球，远到一个人造卫星。牛顿的万有引力定律可以精确地描述运动的轨迹和原理，它可以解释为什么我们在飞行时能够牢牢地坐在座椅上，也可以解释为什么地球和其他行星能够依据它们的轨道运行，甚至可以解释为什么恒星被束缚在星系中无法逃脱。同样的物理规律既可以应用于地外的物体，比如神界的居所——恒星，又可以应用于不完美的人类的日常生活，这是对已有的知识结构和精神理念的一次重大的冲击。就像斯蒂芬·霍金说的，牛顿统一了天和地。

牛顿定律自从被提出就一直沿用至今。如今它仍是工程师们首先要学习的基础定律。不管是在地面还是在太空，车辆的运行方式都由它决定。利用牛顿定律我们可以制造机器、桥梁、飞机和管道——它不光只用在制作加工的过程中，更重要的是在一开始设计时它就是必须要考虑的。虽然牛顿是通过思考行星运行发现的万有引力定律，但是他的发现却促进了许多技术的发展，比如桥梁建设和蒸汽机车。其中最重要的概念是力，因为通过控制力我们可以驾驭自然为我们服务。

距牛顿发表他的《自然哲学的数学原理》(通常被称为《原理》)，已经有三个多世纪了。但是这套关于运动和引力的普适定律仍旧是建筑和工程的基础。它从基础上支持工业革命，进而转化了人类社会的制度。

牛顿定律所描述的宇宙通常被称为"经典"或"机械"宇宙。如果你知道某个物体在某时的准确位置和速度，原则上，根据牛顿定律，我们可以推断出这个物体在过去或将来某个时间的准确位置，不管时间间隔有多长。物体在经典宇宙中是完全确定性的和直观的。但是而后我们会发现，事实并非如此。这要从另一位具有超前思想的人开始。他出现在牛顿之后的 200 年，并且做出了比牛顿更伟大的发现。

· · · · · ·

对光的本质的研究，恰好开始于苏格兰的启蒙运动。在 18 世纪初，英格兰刚刚经过了一段黑暗而又残暴的君主统治和天主教会统治，正在把精力集中在非洲、北美和亚洲建立不列颠帝国。苏格兰觉得这正是发展自己的民族精神，建立一个模范社会的好机会。苏格兰议会制定了一种独特的公立学校体系。他们先后建立了 500 所学校，到 18 世纪末，苏格兰能够读写和计算的人数达到世界第一。他们还分别在格拉斯哥、圣安德鲁斯、爱丁堡和阿伯丁建立了 4 所大学。这 4 所大学都比当时英格兰仅有的两所大学剑桥和牛津的费用更便宜。很快苏格兰的大学就成为了公众教育和学术研究的中心。

爱丁堡成为了当时欧洲文学的中心。很多当时的灵魂人物，比如大卫·休谟和政治哲学家亚当·斯密都在那里安了家。在《苏格兰是如何发明了现代社会》一书中，作者亚当·赫尔曼写道："在这里产生的任何观点都受到平等的对待。任何严肃的问题都可以拿来辩论。受到尊重的是一个人的头脑而不是社会地位。爱丁堡就像是一个充满各种思想的巨大蓄水池又或像是一块艺术家们专属的殖民地。与众不同的是，这个巨大的蓄水池并没有脱离日常的生活而是与它紧密相连。"[21]

苏格兰的学术界也与众不同，他们强调基础理论，鼓励学生们独立思考、探索和发明创造。那里还曾经进行过一次关于代数和几何基本概念的轻松辩论，以及它们和现实世界的关系。[22]

强调基础研究和教学的理念使得苏格兰的学术界成果颇丰。比如，英国数学家和长老会牧师托马斯·贝叶斯就曾和休谟同期在爱丁堡大学学习。

他著名的"贝叶斯理论"被遗忘了 200 多年，现在则成为了现代统计学的基础。紧跟苏格兰学术研究步伐的是那些伟大的苏格兰工程师们，比如詹姆斯·瓦特发明的蒸汽机车和罗伯特·史蒂文生在苏格兰安格斯海岸附近建造的贝尔灯塔。

随着西方社会进入 19 世纪，工业革命渗透到了社会的方方面面，彻底改变了人们的生活方式。蒸汽机车改变了经济的结构。城市间的距离被火车、轮船以及其他交通工具缩短了；大批移民涌入了城市，他们在工厂从事从纺织品到服装以及到锅碗等各式各样的物品的生产。劳动和经济的价值得到了重新定义。一群崭新的"自然博物学家"——主要是一些不需劳动的绅士们从事的业余爱好——开始尝试用一种前所未有的方式去研究世界。苏格兰启蒙运动的成果达到了科学领域的最高水平。它不但孕育出了哲学家、作家、工程师和发明家，它还为人类贡献了伟大的数学家和物理学家。其中的一位年轻天才，他对自然界基本原理的研究贡献甚至超越了牛顿。

牛顿的物理定律可以解释所有与运动、力和引力有关的物理现象，比如月球引力造成的潮汐现象、行星的轨道、液体的流动、炮弹的轨迹以及桥梁的稳定性。但是牛顿力学永远不能预见或解释无线电波的传输和接收，以及电话、电流、马达、发电机或灯泡。理解这一切和更多的相关物理现象，我们要归功于出生于 1791 年的迈克尔·法拉第的实验工作和晚他 40 年出生的詹姆斯·克拉克·麦克斯韦将他的实验结果理论化。

法拉第作为科学实验的"阴"与麦克斯韦作为科学理论的"阳"代表了维多利亚时期科学研究的黄金时期。麦克斯韦出生于世家（他是苏格兰一个小庄园的继承人），受过良好的教育。他是典型的绅士科学家。不需要为生计工作，而把自己的全部激情都投入到科学研究这一爱好上。

麦克斯韦出生在苏格兰南部，是一个聪明又充满好奇的孩子。他在自家的庄园长大（见图 1），对一切自然的和人造的事物都感兴趣。或者采集昆虫和植物，或者追寻流淌的小溪，有时候他还会寻着主人房和佣人房里的服务铃连线跑来跑去。"这是怎么回事？"他总有问不完的问题。10 岁时麦克斯韦被送到一所私立学校——爱丁堡公学。可能是因为他父亲为他准备的服装有些古怪，他在那里常受欺负，还被起了个"笨蛋"的外号。麦克斯韦的父亲虽然是个职业律师，但是他很向往科学。在他的鼓励下，年仅 14 岁的麦克斯韦已经成为一个思维敏锐的数学家。他当时正在准备一篇论文描述画椭圆的新方法。后来当地的一位教授在爱丁堡皇家学会诵读了他的这篇文章。

苏格兰的教育体系格外强调数学基础。学生们不是死记硬背，而是从最基本的定理和公理开始推导和证明，就如同一位教授轻蔑地将此学习方法称为"机械化的诀窍"。在爱丁堡公学麦克斯韦遇到了他的第一位挚友彼得·格思里·泰特。他们经常构思一些命题，互相交换，希望能难倒对方。这一习惯成为了他们友谊的纽带，几十年后，当他们都已经是著名的物理学家时，麦克斯韦还时常将一些他遇到的难题寄给他的老朋友。泰特帮他破解了很多难题，其中一些还对麦克斯韦的电磁场理论的完善做出了贡献。

麦克斯韦、泰特和威廉·汤姆森（受教于格拉斯哥大学，后来被封为开尔文男爵）组成了苏格兰的"三头同盟"，他们成为了那个时代最重要的物理学家。泰特和汤姆森合著的《自然哲学论》成为了 19 世纪最重要的物理课本。泰特后来发现了纽结分类表，而开尔文爵士则在很多领域做出了杰出贡献，为了表彰和纪念他对热力学研究的贡献，绝对温标甚至采用他的名字开尔文来做单位。亚历山大·格拉汉姆·贝尔是另一位伟大的苏格兰发明家，他也在爱丁堡读了大学，后来移民到加拿大发明了电话。

在爱丁堡大学学习了 3 年后，麦克斯韦去了剑桥大学。一位教授在推荐信中这样写道："他确实举止很粗鲁。但我从来没有遇到过这样本色的年轻人。他对物理学研究有着令人难以置信的能力。"[23] 不同于爱丁堡的自由思考和广泛涉猎，剑桥的学习强度更大，竞争也更激烈。麦克斯韦大部分时间用来临时抱佛脚应付考试。因为在最后的考试里拿了第二名，麦克斯韦年仅 23 岁就被聘为了三一学院的研究员。这个职位给他提供了研究各种问题的时间，比如鱼眼透镜和下落纸片的运动，甚至猫在高空矫正姿势保证平稳落地的能力。他还利用着色的旋转陀螺来演示白光是红、绿、蓝三色的混合。

1856 年，麦克斯韦接受了阿伯丁的自然哲学的教职。他在那里工作了 5 年后，又来到了伦敦的国王学院。这段时间，结合物理的性质和数学原理，他在很多领域都做出了贡献。比如他推导出土星的光环是由众多颗粒组成的，这一理论在 1980 年 "航海者" 飞过土星时被证实了。他开发了弹性的模型，并且研究了热力学的原理。他的这两项成果一直被工程师沿用至今。在他晚年，他完善了气体分子的粘性理论。还向世人展示了第一张彩色相片。他最杰出的工作却是在 1854 年从他整理一批凌乱的和电与磁场相关的公式开始的。[24]

法拉第与麦克斯韦完全不同，他是伦敦南部一个铁匠的儿子。13 岁时离开学校成为了一个图书装订学徒。他没有受过正规的科学教育，也没有数学基础。但是他对于周围的事物有着强烈的好奇心、机敏的观察力和惊人的物理直觉。

一次在装订百科全书时，法拉第读到一篇关于电学的文章，自此他对电学产生了浓厚的兴趣。一个客人发现法拉第非常聪明又渴望学习，于是就送了几张著名科学家汉弗里·戴维爵士在皇家学会讲座的票给他。法拉第详细记录了每一次讲座的内容，而后他把整理完好并装潢精美的讲座记录送给了戴维爵士。戴维爵士给了他一个在实验室刷瓶子的工作，不久，法拉第成为了戴维的得力助手。最终法拉第接替戴维成为了皇家研究院院长。虽然维多利亚时期社会被层层的不公正和不平等包围着，但有时候也会有一丝曙光透入，比如成人大学和向公众传播科学知识的讲座。

作为一个成熟的科学家，法拉第孜孜不倦地研究使他在很多领域获得了惊人的成果和发现。但是他最感兴趣的领域还是电学和磁场。像法拉第一样对电与磁感兴趣的人并不在少数。人类注意到有关电的现象已经有上千年了，比如放电鱼和闪电。到了 19 世纪，电的很多神奇效应开始被广泛关注，它似乎有生命一般，放射出火花还嘶嘶作响。但是对电的原理人们并不了解。在 19 世纪初的伦敦经常有一些使用活的或死的生物体做的电学实验向公众展示。玛丽·谢利的小说《弗兰肯斯坦或现代的普罗米修斯》就是受这些实验的启发写成的。书的标题把现代的科学家与古希腊的英雄普罗米修斯相比较。普罗米修斯是人类的保护者。他从众神之王宙斯处偷盗了火种送给人类。作为惩罚，普罗米修斯被链条拴在了一块岩石上，每日老鹰来吃掉他的肝脏，然后他的肝脏再在晚上重新长出。谢利采用这个书名就是为了警示人们科学也存在着危险。

在当时没有哪个人比法拉第更加了解电，他的工作甚至远远超出了他的时代。他证明了化学键是与电相关的现象，他还发现了电解和一种金属在另一金属表面发生电沉积的规律。法拉第非常善于利用简单的实验发现新的现象。他研究了铋、碘、熟石膏甚至是血液和肝脏的磁性质。比如，他把一个区域磁化，然后用不同的气体——氧气、氮气、氢气——吹肥皂泡。结果是除了氧气外，其他气体填充的肥皂泡都飘走了。这是因为氧气是顺磁性的（这个现象直到 90 年后量子力学的出现，才得到合理的解释）。

法拉第发现了电磁之间的相互感应：如果把一个线圈通过磁铁，线圈上就会产生电流。利用这一原理制造的发电机和变压器，如今还在世界各地用于制造和分配电力。他甚至发现了现代燃料电池的基本原理——超离子传导。[25]

法拉第证明，当一个金属容器通电时，所有的电子都聚集到容器外部的表面上。在实验中法拉第坐在一个 12 英尺（约 3.66 米）见方的金属笼子里，他的助手将笼子通上 15 万伏特的高压。这时火花飞溅，法拉第的头发根根竖立，他却安然无恙。所以下次你坐飞机碰上雷阵雨时，不必担心，法拉第的实验早已证实，我们是不会被闪电伤害到的。

法拉第对科学的贡献还有很多很多，但是就我们所要谈的问题来说，他的最大贡献是第一次构造出了现代物理的核心概念——场。法拉第认为电荷与电荷之间的引力和斥力不是直接相互作用于彼此的，而是通过某种介质来传递的。

法拉第没有很好的数学基础，他只能通过缓慢而艰难的实验去完善他的想法。电磁学的最终突破归功于年轻而又古怪的麦克斯韦。他在法拉第的实验基础上建造了物理学中最美丽和最强大的数学框架，从而解决了科学领域中最重要的难题之一。

关于电，最简单的事实是：同性电荷相斥，异性电荷相吸。我们可以用打包胶带做一个简单的实验。剪下两段胶带，粘面朝下并排贴在桌面上。双手分别拿住两条胶带的一端，同时将胶带用力扯起。让胶带自然垂直，两手慢慢靠拢。我们会看到两条胶带向外撇开，因为电荷之间的力是相斥的。

把这个实验稍微改变一些，我们就会得到相反的结果。这次先将一条胶带贴在桌面上，然后把第二条胶带贴在第一条上面，将两条胶带一起揭起来。用手指从上到下轻轻捋一下胶带以中和胶带上的电荷，然后两手同时将两条胶带用力扯开。因为胶带上原本不带电荷，所以如果一根上增加了电荷，另一根上肯定会减少电荷，一根胶带上带了正电荷，另一根就带了负电荷。如果将两根胶带靠拢，它们就会互相吸引，向中间靠拢。

磁铁也有两极，正极（北极）和负极（南极）。同极相互排斥，异极相互吸引。南北极的命名是因为地球本身是一块巨大的磁铁，任何指南针的北极总是指向临近地球北极的地方。

法拉第认为电力和磁力的作用是通过所谓的电力线和磁力线进行的。他认为这些"力线"非常的重要。他认为力不能像牛顿的万有引力中描述的那样"从很远的地方感受到"。如果牛顿是对的，那么我们上下摇摆一下太阳，离它 9.3 亿英里 ① 以外的地球以及任何距离的物体都应该和它同步

---

① 1 英里约等于 1.6 千米，下同。

摇摆。

对于法拉第来讲，力可以从一个物体无需时间间隔地传到另一个物体的观点是可笑的。他认为在空间上分离的两个物体之间一定有某种物质可以作为力的载体。这个物质的存在与研究的物体无关，不管它是什么，它都应该和质量、电荷和磁场有关。法拉第的远见卓识是"力场"这个概念的雏形。

你一定熟悉地图上沿南北方向和东西方向的网格线。想象把这些网格线延伸到三维的空间：东西、南北和上下，每一个网格线之间的间距都是相同的。这些网格可以方便地用来测量长、宽和深度。任意一个网格点都可以用通过它的三条网格线的坐标来标志。我们可以把网格缩得越来越小。对物理学家来说，我们就是通过这些网格来构建空间的，任意三维实体的一个点都能通过网格转化为一个由三个数字组成的数组。[26]

考虑一个力场，想象在每个网格点有一小箭头。这些箭头可以指向任意的方向。它们就代表着力场，它们的长度和方向代表着力场在这一点的强度和方向（见图2）。在力场中的任意带电粒子都会受到力。比如，一个电子受到的力是电力场的强度和电子所带电荷数的乘积。

麦克斯韦在25岁仍只是剑桥的一名研究员时，曾给当时最享有盛名的科学家，时任皇家研究院院长的法拉第写了一封信。在信中他附上了一篇名为"关于法拉第的力线"的论文，用数学方法演示了法拉第在实验中有关力线的发现。法拉第从来没有学过数学，他在后来回忆到，"一开始当我看到如此复杂的数学论证运用在这个问题上，我几乎被吓到了。"[27] 麦克斯韦在他的文章中非常谦虚地说："我希望明确的一点是，我并不是要在一个我连实验都没有做过的领域里发现新的物理理论。我只是希望以数学为工具，严格遵守法拉第的思维和方法，将法拉第在实验中获得的各种现象之间的联系以数学的方式展示出来。"[28] 他们之间的相互交往和彼此尊重显示了理论和试验的完美结合。

　　法拉第受到麦克斯韦研究的鼓舞，重新以饱满的热情回到他在皇家研究院的实验室。这一次他的目的是要证明电场和磁场的传播是需要时间的。当时法拉第已经 66 岁了，常年的高强度实验使他身心疲惫，很遗憾，他没有成功。法拉第的观点真正由实验证明是正确的还要等到 30 年后的德国物理学家海因里希·赫兹。这期间麦克斯韦则先用他的数学方式完善了电磁场的理论。

　　1861 年，麦克斯韦开始在伦敦的国王学院任职，他下定决心要弄懂电和磁场的问题。他的目标是用数学的方法来描述法拉第构想的"力线"的概念以及围绕"力线"产生的性质和定理。一步步，麦克斯韦把直观的"力线"完善成了一个完整的"场"理论。而"场"这一概念将逐渐成为 20 世纪基础物理的核心。

　　电荷产生电场，磁铁产生磁场，质量产生引力场，这三种场充斥着宇宙的各个角落。我们用充满小箭头的空间来表示电场和磁场。要想建立一组完备的公式用于电场和磁场，最重要的是要搞明白每一个小箭头对周围其他箭头的影响。对于麦克斯韦一切从零开始，可想而知是多么的复杂。牛顿当年为了研究运动学而发明了微积分。麦克斯韦需要描述力场同时在时间和空间的变化。利用空间的网格点，就像我们之前描述的一样，麦克斯韦发展了一套偏微分方程来描述力场。他所发展的这个新的数学分支被广泛地运用于科学研究中，比如流体、空气动力学，甚至疾病传播。

　　麦克斯韦发现电磁学方程式的方式有一些奇特。他首先假象了一台机器，它的移动部分代表了场。他的第一个设想是把电力线想象成可以把一种液体从正电荷中带出，再带回到负电荷中去的管道。渐渐地这个模型变得越来越复杂，那些充满液体的"管道"被淘汰。迷你"滚轴"或"滚轮"用来代表磁场（见图 3）。

　　在威廉·汤姆森（开尔文爵士）的指引下，麦克斯韦把所有已知的与电磁相关的实验现象和规律集中在了一起，按字母顺序排列是：安培定律、毕奥·萨伐尔定律、库仑定律、法拉第电磁感应定律、富兰克林定律、高斯定律、基尔霍夫电路定律、楞次定律和欧姆定律。他的目标是建立一个数学框架包含上述所有定律。麦克斯韦把所有的有关电场和磁场的定律包含在他的数学框架中，唯独出现问题的是富兰克林定律。富兰克林的电荷守恒定律是指电流流出或流入一个区域对这个区域内电荷的影响。高斯定律描述了电荷如何产生电场，安培定律则描述了电流产生磁场。当麦克斯韦把这三个定律放在一起时，他发现它们互不兼容。唯一能够使三个定律同时成立的方法是将安培定律改为"变化的电场产生磁场"。这一原理与法拉第发现的"变化的磁场产生电场"的现象非常相似。

但是，如果一个变化的电场可以产生变化的磁场，变化的磁场按照法拉第的电磁感应定律又可以产生变化的电场。那么，在没有电荷、电流和磁铁存在的情况下，岂不是电场就可以生成磁场，磁场也可以生成电场了。麦克斯韦经过对公式的仔细分析得出结论：电场和磁场其实在空间是一起传播，就如同牧场上波涛起伏的青草。这种电磁波现象正是法拉第所预见的。

麦克斯韦在他家族的格伦莱尔庄园度夏时，利用当时最好的测量数据，计算出了电磁波传播的速度。他在一封给法拉第的信中写道："从电场和磁场的实验中，我得出电磁波的传播速度是 193088 英里每秒。法国物理学家阿曼德·斐索通过实验直接测量出的光速是 193118 英里每秒。"然后他轻描淡写地加了一句，"我觉得这不应该只是数字上的巧合。"[29]

麦克斯韦使用纯数学的方式，不但预测了光的速度，还解释了光的本质。通过总结已知的现象，并坚持数学上的合理性，麦克斯韦揭示了宇宙最重要的基本性质之一——光。

一旦得出了结论，麦克斯韦开始构建他的模型。有了正确的公式，他不再需要那些想象的机械装置。公式就是理论，不需要任何附加的解释。

每当我教授电磁学时，麦克斯韦的发现总是整个课的高潮。因为就像变魔术一般，学生们突然意识到各种电场、磁场的现象和规律都可以用一组公式完美地结合在一起，而"光"这个最基本的物理概念在不经意间就与电磁学联系在了一起。我会对我的学生们说："当你在研究中遇到挫折时，记住这个时刻。坚持不懈最终会引领我们发现真谛。"结果比你梦想的要更加完美。

麦克斯韦把电、磁和光统一在了一起，他的发现的重要性如何强调也不为过。他提供了一个简单的而又准确的理论，可以用来解释很多看似不相干的现象：比如寒冷的早晨打火花的铜把手；可以传遍我们全身的神经系统或导致肌肉运动的信号；闪电和烛光；以及摇摆的指南针和旋转的涡轮发电机等。

麦克斯韦的发现对技术的直接影响体现在收音机、电视和雷达的发明上。他对基础物理的影响则更加深远。麦克斯韦的发现打开了通往 20 世纪物理学的大门。随后出现的相对论、量子物理和粒子物理，这些现代物理的核心理论都促进了我们对物质世界最本质的理解。

麦克斯韦理论最主要的预见之一是电磁波的波长可以从 0 到无穷大。只有极小一部分光谱——宽度大约从 2/5 到 3/4 个微米（米的一百万分之一）——就涵盖了全部可见光：红、黄、绿、蓝和紫。麦克斯韦的发现扩大了彩虹（光谱）的范围。他的理论表明，电磁波的波长可以短到千分之一个原子核的大小（大型重子对撞机制造出的伽马射线），长到几千千米（潜水艇用于通信的超低频波）。介于中间的有用于医学影像的 X 射线，用于夜视仪的红外线，用于烹饪的微波和用于手机通信以及探测中子星和黑洞的射电波。这些电磁波都可以用麦克斯韦的理论来解释，不同之处只在于它们的波长。

麦克斯韦的理论的贡献还不仅如此。他的结果还挑战了物理学中最神圣的两大基础理论，牛顿关于力、运动和引力的定律和同样有着坚实基础的热学。通过研究麦克斯韦的公式，荷兰物理学家亨德里克·洛伦兹发现由麦克斯韦方程连接的时间和空间是对称的，这为爱因斯坦而后统一时间、空间、质量、能量和引力打开了大门，也为宇宙演化的研究埋下了种子。

麦克斯韦的理论也打开了量子理论的大门。为了解决麦克斯韦关于电磁辐射的理论和热学原理之间的矛盾，马克斯·普朗克以及而后的阿尔伯特·爱因斯坦发现了已知理论体系中更严重的不一致性，最终颠覆了经典物理所描述的物理世界。麦克斯韦理论在这场经典与现代物理的冲突中进化为了量子场论。它从此成为了 20 世纪物理学的基础。

所谓的量子革命到底是什么？我们还在努力理解它的含义。我们直觉的世界是构建在牛顿和麦克斯韦的理论基础上的。在这个经典的世界模型中，粒子和场都是明确存在的，它们在空间的运动都是相应的定律明确地决定的。但是在第二章中，这个模型不再成立了，我们将要面对一个更神秘的量子概念，随之而来的是更多的可能性和我们人类所需要承担的更重要的责任。

我把这本书取名为《宇宙的秘密》，是因为我希望借此机会与大家一同庆祝我们人类在对自然和宇宙最基本层面上的研究所取得的成就。在随后的几章里，我们会回顾物理学发展的脚步，从量子世界到宇宙再到把所有已知物理学归结为一个公式的大统一理论。物理学的发展是个充满乐趣的故事。它是讲述人们渴望知识、对真理不懈追求的故事。更重要的是，它体现了人性和我们对自然的敬畏。

科学是人类的科学。科学家们也许工作在实验室里或埋头在复杂的公式堆里，但是他们的动力来自于人类与生俱来的好奇心：去探索和发现我们的世界和我们的能力。也许有的人天生有不寻常的数学天赋或物理学上的洞察力；而另一些人的发现则基于坚持不懈的努力、谨慎细致的实验，甚至好运气。但是，无论如何，科学首先是一项人类活动，它的终极目标是使人类生活得更美好而又有意义。

当尤塞恩·博尔特在 2008 年北京奥运会和 2009 年柏林世界田径锦标赛上两次打破 100 米和 200 米的世界短跑纪录时，我们都在为他欢呼祝贺。当一个看似不可能超越的极限被打破时，确实能给人一种奇妙而又兴奋的感觉。我们是不是更应该把我们的祝福和喝彩送给那些为人类社会作出更大贡献的，比如麦克斯韦、爱因斯坦和同他们一样致力于科学研究的现代物理学家们呢？我们这个世界需要很多能够具有伟大发现的人，他们可能来自于地球的任意角落。他们是人类本质和人类精神的楷模，我们应该从他们的成功经历中受到鼓舞。

科学研究是一项复杂而又技术性很强的工作。很多概念很难理解，但科学家必须采用更好的方式向社会公众解释他们的工作和这项工作的目的。社会大众也应该更加理解科学对社会发展的重要性。归根结底科学技术决定了当前社会的发展程度和今后社会的发展潜力。

将科学与社会重新联系在一起远比开发一种具有市场效益的技术产品有更深刻的意义。这关系到我们能否保证我们的社会是乐观的、自信的和有理想的。科学家应该清楚地意识到科学是为人类社会服务的，而公众也需要认识到支持科学研究的原因。

我们现在使用的科学技术都依赖于以往的发现。我们需要找到新的突破和更多聪明的方法来利用已有的知识。我们的地球村拥有成千上万的年轻人，如果他们都能受到优良的教育和充分的鼓励，他们之中可能会出现下一位法拉第、麦克斯韦或曼德拉。社会也会因他们而发生改变。

一个崭新的世界正在向我们召唤。就像我在第二章将要讲述的，量子物理已经揭开了宇宙的特性以及人类与它的关系，这一切比我们之前的任何设想都要奇特。在我们的视线之外是人类从未体验过的技术和知识。我们正面临着人类的生存以及人类社会与宇宙协同发展的挑战。目睹了经典物理给人类社会带来的变化，我们不难想象量子物理肯定会给未来带来更大的社会变革。

第二章
我们想象的现实世界

理论物理学家生活在经典的世界里，同时看着外面的量子力学世界。

——约翰·贝尔[1]

不使用几何学来描述物理定律就如同不用语言来描述我们的思想。

——阿尔伯特·爱因斯坦[2]

拉斐尔的《雅典学院》是意大利文艺复兴时期最恢宏的画作之一（见图4），它表现了人类历史上的一个决定性时刻：古希腊自由思想的繁荣。因为某种原因，人们可以从新的视角审视世界，他们将传统的迷信、信奉的教条或权威放在了一边。利用逻辑性的讨论，他们开始理解自然法则和人类社会应该建立在什么样的基础之上。他们的行为永远地改变了西方的历史，他们发展的关于政治、文字和艺术的观念成为了西方现代社会的根基。

拉斐尔的画中充满了哲学家。亚里士多德、柏拉图和苏格拉底正在讨论着什么。这里有哲人巴门尼德，古希腊时期的斯蒂芬·霍金。就像霍金一样，他也认为在最基本的层面世界是恒久不变的，和他持不同观念的赫拉克利特也在画中。他则认为世界总是存在着对立面，对立产生的相互斗争使得世界永远都处在变化之中。画中也有数学家。在前排右侧的是欧几里德，正在讲解几何。在前排的左侧则是毕达哥拉斯，正聚精会神地在一本厚厚的书中写着公式。在巴门尼德旁边站着世界上第一位女数学家和哲学家希帕提娅。画中有的人在潜心研究，有的人在交流思想，新的想法不断萌生，整个画面像是一个奇妙的大学。要是能在这里学习该是多么幸运啊。

在画中还有一个看似行为古怪的人正在从毕达哥拉斯的背后窥视他的笔记，同时还在往一个小本子里记着什么。他看上去像是在作弊，从某种意义上讲，他也确实是在作弊，因为他的一只眼在看着数学而另一只眼则看着外部的真实世界。这个行为古怪的人叫阿那克西曼德，是公认的世界上的第一位科学家。[3] 他生活在公元前 600 年左右的米利都，当时希腊最伟大的城市，现在位于土耳其在爱琴海东部的海岸。在那个时代，社会被国王和各种神秘主义以及宗教信仰的教条所统治。但是从阿那克西曼德和他的老师泰勒斯开始，思想者们终于冲破了各种枷锁开始相信自己的理性力量。

几乎所有记载他们工作的书籍都已经不存在了。但是极少数流存下来的成果仍令人惊叹不已。阿那克西曼德发明了地图的概念——从而使我们能够量化空间——并且绘制了世界上第一张已知的地图。据说他还将晷针的概念引入了希腊，从而能够计量时间。这个时针装置是一个垂直在地面的杆子，它的影子指示了太阳的位置和高度。阿那克西曼德利用晷针和他在几何方面的知识准确地推算出了春分和秋分。[4]

阿那克西曼德似乎也是第一个提出"无限"概念的人。虽然我们不知道他是如何得出的结论，但是他认为宇宙是无限的。他还提出了生物进化论的雏形，认为人类和其他动物是从海洋里的鱼类演变来的。阿那克西曼德之所以被公认为是第一位科学家，是因为他的知识建立在系统的实验和观察之上。他将晷针介绍到希腊就是一个很好的例子。泰勒斯教会了阿那克西曼德的科学研究方法。阿那克西曼德又用同样的方式去培养他的学生毕达哥拉斯。老师不但传授知识，还训练学生掌握了研究问题的方法，科学研究的传承就这样一代代继续下去。

让我们来考虑一下这些非凡的发现给我们的社会和生活带来的变化吧。你通常不会不带地图或在不了解目的地周围环境的情况下就去一个陌生的地方吧。如果缺乏对目的地的事先了解，而仅依靠周围环境获取的即时信息，我们会有一种迷失的感觉。每当到达一个岔路口，不同的选择都会带来不可预期的后果。一张地图带来的是确定性和先见性，我们可以选择要去的地方或者要做的事情。那么新的问题又来了，地图外面的世界又是如何的呢？我们能够绘制整个世界吗？那么整个宇宙呢？

如果没有时钟，时间会是什么样子呢？你可以使用明暗的变化，但是由于变幻莫测的季节与气候，你不可能精准地确定时间。你的生活将围绕更多当前的、刚刚发生的或马上要发生的事情。过去和将来却是非常模糊的。对时间的测量，导致了精密技术的发展，比如跟踪和预测天体的运行轨迹可以用来作为航海导航的工具。但是这并不是阿那克西曼德真正关心的。他似乎关心更重要的问题：如果我们能够追溯回无限遥远的过去或者延伸到无限遥远的将来，世界将会是什么样子。

阿那克西曼德认为宇宙是无限的，这一观点现在听起来很合理。但是我清楚地记得在我 4 岁时，我认为天空是一个球形的天花板，太阳和星星都固定在上面。后来别人告诉我，亦或是我自己明白了，当我们仰望天空时看到的是无边无际的宇宙。对于我来讲，这是观念的巨大转变。阿那克西曼德是如何意识到宇宙是无限的呢？他又是如何产生了人类是从海中的鱼类演化来的观点呢？阿那克西曼德的这些观点最重要的意义在于，他使我们意识到了一个充满潜力的世界。如果变化存在于现在与过去之间，那么也会同样地存在与现在与未来之间。

现代科学的开始与大量新技术的发明出现在同一时期并不是偶然的。在不远的萨默斯岛上，希腊的雕塑家和建筑师西奥多罗斯发明了或者至少完善了很多建筑用工具和技术，比如曲尺、水位线仪、车床、钥匙和锁以及冶炼工艺等。

与这些工艺携手发展的还有数学、哲学、艺术、文学和民主。但是古希腊的文明是短暂的，它在不长的历史中饱受了战争和侵略的蹂躏，比如波希战争、伯罗奔尼撒战争、亚历山大大帝的入侵以及他死后带来的混乱。最后罗马帝国从兴盛到衰落使得欧洲文明的发展停滞了近千年。像亚历山大城图书馆那些承载古代文明的图书馆在战火中被摧毁，只有零零星星，支离破碎的书籍资料遗存了下来。

15 世纪，意大利的著名印刷商阿尔杜斯·马努提乌斯将古代的经典著作印制成大量的便宜但内容准确的口袋书，并且广为散发。古希腊知识的传播为文艺复兴及随后而至的科学革命埋下了种子。

距拉斐尔创作《雅典学院》后四百年的 1927 年，一场现代物理学大师的聚会在布鲁塞尔召开。这次名为第五次索尔维国际会议：电子和光子的盛会被记录在了一张黑白照片上（见图 5）。

19 世纪末，物理学家们认为物理学从各个角度已经接近解决自然界最本质的问题，比如牛顿的力学，麦克斯韦的电、磁和光学，威廉·汤姆森（开尔文爵士）的热学原理等。物理学为工业革命技术的发展提供了坚定的基石，为全球化的通信敞开了大门。只有几个类似于原子内部结构的小问题尚待解决。总体来讲，经典物理中粒子和场在时空中运动的模型是没有疑问的。

但是 20 世纪初一系列新的发现使得人们对经典的物理模型越来越困惑。这些问题直到 1925—1927 年物理学经历了一场彻头彻尾的革命才最终得到解决。在这场革命中，物理学家有关宇宙是一架巨大机器的观点被彻底推翻了，取而代之的宇宙模型即不直观也很难令人理解。第五次索尔维会议就是在这个新的知识框架正在构建时召开的。而它也很有可能是物理学历史上最令人不自在的一次会议。

1925 年，德国神童维尔纳·海森堡提出了量子理论，提议"放弃对一切不可观测的物理量的观测，比如电子的位置和周期"，而是"尝试比照经典力学建立一种量子力学理论，找到可以观测的物理量之间的关系。"[5]海森堡的理论取代了经典的电子绕转原子核的模型，他的模型是更抽象，更数学化的，在其中只有能够被实验直接观测到的物理量才被赋予意义。1926 年，奥地利物理学家埃尔温·薛定谔提出了和海森堡类似的论点，其中电子被视作波而不是经典的粒子。在 1927 年年初，海森堡提出了他著名的"不确定原理"，表明牛顿经典宇宙的核心概念——每个粒子都有确定的位置和速度——在量子世界是不成立的。

当这些物理学家都聚集在布鲁塞尔准备召开索尔维会议时，经典物理的模型已经倒塌了。物理学家只好放弃物体的行为是可以由物理定律所预见的传统观念，因为，从某种意义上讲物理世界已不再是一个可确定的世界。就像马克斯·玻恩在 1926 年意识到的，量子物理只能考虑可能性。但是，这可不是像有些人戏言的那样——一个小魔鬼在原子中心掷骰子那么简单，它的本质要比所谓的随机概念重要得多。自然界可以用完美的数学方程来描述，我们只是找不到经典的方式去解释它。难怪照片中的物理学家都愁眉苦脸的。

在照片里坐在第一排中间的是爱因斯坦，他右边双腿交叉的是荷兰物理学家亨德里克·洛伦兹。他的右边是玛丽·居里，照片中的唯一女性，也是与会人员中唯一一位获过两次诺贝尔奖的人。居里和她的丈夫皮埃尔证明了辐射是与原子相关的活动。他们的发现使得科学家意识到亚原子世界的物理性质可能不同于经典物理。在索尔维会议后一年，辐射的机制终于被破解了：在量子理论的体系下，粒子可以通过"隧道"到达原子核的外部，同时产生辐射。坐在居里旁边的是马克斯·普朗克，他手里拿着帽子，看上去不太开心。普朗克是 1900 年开始的量子理论的发起者，他认为光是以一个个小单位——光子——来传递能量的。1905 年，爱因斯坦在解释光可以从金属中打出电子时，证明了光子的理论是正确的。

坐在第二排的中部，洛伦兹和爱因斯坦之间的是保罗·狄拉克，来自英国的天才，现代粒子物理的奠基人。站在他后面的是埃尔温·薛定谔。维尔纳·海森堡站在最后一排右数第三个，德裔英籍的物理学家马克斯·玻恩坐在他的前面。海森堡和玻恩一同发展了量子理论中的矩阵力学，而后狄拉克确定了它的最终数学形式。玻恩右边坐的是丹麦杰出的物理学家尼尔斯·玻尔，他将普朗克的量子理论用到氢原子。他同时也是量子物理的教父。玻尔在哥本哈根大学创立了理论物理研究所并担任所长。在那里，他辅导了海森堡和很多物理学家，他的研究所成为全世界量子理论的中心。海森堡稍后说道：“在那时（1924 年）要想体验量子物理的精髓，我会说，只有在哥本哈根。”[6] 在玻尔的领导下发展了当时最流行的解释量子力学的方法——哥本哈根诠释。在海森堡的右边是沃尔夫冈·泡利，年轻的奥地利神童。他提出了著名的泡利不相容原理，指明两个电子不能同时处于相同的量子态。结合他提出的量子自旋理论，我们可以描述电子在复杂的原子结构或分子中的状态。狄拉克、海森堡和泡利当时年仅二十几岁，就已经处在科学发展的最前沿。

与会者来自不同的背景。居里是波兰难民。[7] 而爱因斯坦在 1905 年发表他的轰动发现之前一直在一家专利办公室工作。爱因斯坦、玻恩、玻尔和他们的好友保罗·埃伦费斯特（站在居里后面第三排）以及泡利的父亲代表了 19 世纪末期进入数学和科学领域的一代年轻的犹太人。在此之前的西欧，犹太人被刻意地排斥在大学以外。但是当他们最终被允许进入物理、数学和其他科学技术领域时，他们立刻就取得了令人刮目相看的成就。他们为科学研究注入了新的思想和能量，从而彻底地根除了对犹太人智力低下的偏见。

我们有这么多的世界顶尖物理学家聚集在一起讨论这些具有革命性的

新理论，试图理解它将给我们对宇宙的认识带来怎么样的变化。可是他们看上去都不太乐观。他们发现，物质世界在最根本的层面上是超现实的。我们看不到粒子或台球滑下平板、钓在弹簧上的砝码或者云朵、河流和波或者任何我们日常生活可以看到的东西。就连海森堡都看到了消极的一面："几乎所有的科学进步都需要有所牺牲；几乎所有的新知识的巨大成功，都要求放弃一些旧有的知识和概念。从某种程度上讲，我们获取的知识和见解越多，科学家对自然的认识就越少。"[8] 从另一方面来看，20世纪二十年代是物理学的黄金时期。量子物理开拓出了很多新的研究领域。狄拉克多年以后对我说："就算是再平庸的物理学家也可能做出重要的发现。"

我们物理学家大概花费了整个20世纪才真正领会量子物理为我们带来的庞大的机会。今天我们正站在技术变革门槛前，跨过去就可能完全改变我们的未来。

· · · · · ·

量子物理的奇妙故事开始于再普通不过的电灯泡。在19世纪九十年代初，马克斯·普朗克在柏林任教授，他的任务是帮助德国国家标准署确定如何能够使灯泡以最低的电量产生最强的亮度。马克斯·玻恩在后来谈到普朗克时说："不管是因为他的个性还是因为他的家庭的影响，普朗克都是一个非常保守的人。他反对具有革命性的新事物，对假想抱着怀疑的态度。但是由于他对基于事实的逻辑推理的强大力量的笃信，他毫不犹豫地给出了有悖于经典知识的结论。因为他已经说服了他自己，这是逻辑推理能够得出的唯一结论。"[9]

普朗克的任务是估算出灯泡里的热钨丝能够发出多少光。他知道按照麦克斯韦的理论，光是由电磁波构成的，不同的波长显示为不同的颜色。普朗克需要得出一个热物体在每一个颜色发出多少光。从1895年到1900

年，普朗克的无数次试验都失败了。最终，在被他日后称为"绝望的一搏"[10]中，他从已有的观测数据反推出了一种新的物理规律：光波只能以类似能量包或"量子"的形式接受能量。这个能量包的能量是一个自然界的常数，普朗克常数和光波振动频率（每秒钟电磁波波形变化的次数）的乘积。光波的振动频率等于光速与波长的比。普朗克发现引入能量包的概念，他可以完美地解释实验观测到的发热体的光谱。很久以后，人们意识到普朗克的能量包就是光子。

普朗克的定律没有一眼看上去那么刻意为之。他是一个经验丰富的理论物理学家。他很欣赏爱尔兰数学物理学家威廉·汉密尔顿在费马、莱布尼茨和莫佩尔蒂的早期理论基础上发展出来的汉密尔顿方程式。牛顿力学描述了一个系统在一个时间段内依据物理定律发生的运动。汉密尔顿方程则描述了一个系统在某一时间段所有可能发生的运动方式。系统实际发生的运动是遵从牛顿定律的运动，这时系统的"作用量"最小。

让我用超市结账的例子来解释汉密尔顿的理论。当你选好了所要购买的商品时，你需要选择一个收银员来结账。离你最近的柜台也许人有很多，而离你最远的柜台可能没有人。你也可能需要权衡一下有多少人在用购物篮或购物车，他们的车子和篮子里有多少商品，柜台的传送带上又有多少商品。然后你可以选择去哪个柜台结账。

简单地讲，这就是汉密尔顿原理。就像你希望用最短的时间去结账离开超市，随时间变化的物理系统则也是最小作用量。牛顿力学描述了系统随时间的变化是如何变化的，汉密尔顿原理描述了所有可能的变化方式，然后选择作用量最小的一个。

汉密尔顿的方法可以用在很多以前无法解决的问题上。但是汉密尔顿方程不只是一个工具，它提供了一个更完整的现实世界。汉密尔顿方法帮助詹姆斯·克拉克·麦克斯韦发展了电磁场理论。在这种理论的启发下普朗克的大胆猜测掀开了量子物理这个崭新的领域。事实上，汉密尔顿力学预见了量子物理的发展。就如同你发现有好几个柜台都可以使你快速结账并离开超市一样，汉密尔顿的作用量原理也发现一个系统可以有不同的演化方式。这一结论与传统的物理学中物体的运动是可预见的观点相差甚远。虽然当时普朗克不愿意接受这一理论，但是时隔几十年后，物理学家们终于接受了这一理论。在第四章我们会看到，在 20 世纪末，所有已知的物理学定律都可以表示为量子形式的汉密尔顿最小作用原理。

之所以要提到汉密尔顿，是因为普朗克知道汉密尔顿的最小作用原理是物理学的基本原理。自然地他希望将他新发现的量子化定律与汉密尔顿的原理相比较。汉密尔顿的作用量的单位是能量与时间的乘积。在光波中与时间相关的量是振动周期，振动频率的倒数。所以普朗克推测电磁波能量乘以它的振动周期应该等于一个自然常量，他称之为"量子作用量"，现在我们称它为"普朗克常数"。普朗克相信所有的物理定律都应该包含在作用量中，他希望有一天他的量子化的假设可以成为一条普适的定律。他最终被证明是正确的。

普朗克在柏林时的两个同事费迪南德·科兰鲍姆和海茵里希·鲁本斯是当时最出色的实验物理学家。在 1900 年，他们已经能非常精确地测量热物体辐射出的光谱。普朗克关于能量量子化的观点与他们的实验完全吻合，而且可以解释当物体温度升高时光谱颜色的变化。普朗克由于能量量子化的理论被公认为"量子学之父"。但是他对量子物理的研究并没有更多的突破。很久以后，他回忆道："我一直希望能够把量子作用量与经典物理结合到一起。可是我的努力始终没有结果。"[11] 物理学的这个飞越性发展还需要等待一位年轻聪明又敢于挑战的物理学家来实现。

普朗克的发现一半归功于理论，一半归功于实验。1905 年，阿尔伯特·爱因斯坦发表了一篇论文，以更清晰透彻的理论分析阐述了为什么电磁辐射理论不能解释热物体辐射。

最基本的热学理论是热平衡理论。它描述了在一个稳定的物理系统中能量的分布。考虑一个物体，在冷却时是完全黑色的（黑体），任何射到它上面的光都会被吸收。现在把这个物体加热，然后放在一个封闭的绝热容器内。热物体的辐射会在容器中来回撞击直到被吸收。最终，整个系统会达到一种热平衡，物体单位时间辐射的能量——普朗克希望测量的量——等于单位时间物体吸收的能量。在热平衡的状态下，对任何一个波长，吸收和辐射都应该是相互平衡的。如果要知道一个热的黑体在单位时间散发出的光的能量，我们只需要测量在一个达到热平衡的绝热系统中每个波长辐射出的能量。

奥地利物理学家路德维希·玻尔兹曼发展了一种统计的方法来描述热平衡。他证明了在大多数物理学系统中，能量是均匀地分配给每一个成员的。他称此为"能量均分定律"。爱因斯坦意识到在一个容器中的电磁波应该遵守能量均分定律，但是这却为经典物理理论带来了问题。按照麦克斯韦的理论，电磁波的波长可以是任意值，甚至是零。对于给定波长的电磁波我们只有可数的方式把它"装入"一个有确定大小的容器内。波长越短，可能的方式就越多。如果我们考虑绝对小的波长，那么就有无穷多的方法把波放入容器。根据玻尔兹曼的能量均分定律，每一种方式都均分系统的总能量。合在一起，它们吸收热的能力是无穷的，如果有可能，它们会吞噬所有的能量。

再让我们做一个类比。假想一个国家有固定数目的钱币在流通（当然现实不存在这种情况）。假设这个国家有固定数目的居民，彼此互相买卖物品。如果所有的人的行为都是一样的（也是不可能现实存在的），流通的钱币就会最终被均分。每个人拥有的钱币是总钱币除以居民总数。

现在假设有一群小个子的居民来到这个国家，他们的个头是原来人的一半，人数却是原来的两倍，然后再加入个头只有四分之一数目为 4 倍的人，个头有八分之一数目为 8 倍的人，一直增加下去，直到大小为零的人。所有新加的这些人也和原有的居民以同样的方式进行买卖。看到这，我希望你已经发现了问题所在：如果那些微型人可以自由地交易，因为他们的数量太多，他们会把所有的钱都拢住，不留给别人一分钱。

普朗克的理论就如同加入了一个"市场管理条例"，规定钱的交易必须是一个最小基数的倍数，而这个最小基数与人的个头大小成反比。最大个头的人可以以分为单位进行交换，个头一半大小的人要以两分为单位，四分之一大小的以四分为单位，等等。非常小个头的人一次交换就需要很大的一笔钱，他们只能买或卖非常昂贵的物品。个头最小的人则不能交易，因为他们交易的最小基数要比整个用于流通的钱的总数还高。

这个市场管理条例会建立一种平衡。小个子的人数量更多，也需要更大额度的金钱去交易。你会发现有一种个头的人，当他们分享总的流通金额时，每个人分到的金钱都要比他们可以进行交易的最小基数大数倍，因此他们的交易不会受到"条例"的影响。在平衡的情况下，这种个头大小的人拥有整个国家最大笔的流动资金。如果增加流通货币的总量，符合这种条件的人的个头就会减小。

爱因斯坦证明，如果考虑普朗克的量子原理，一个热系统中的绝大部分能量也将由一定波长的光波拥有。这些光波的波长足够短，它们都能从系统分到能量，而且系统分配给每个波的能量是该波长对应的光子能量的数倍。当系统被加热时，更短波长的波开始以上述方式分配能量。因此，如果一个热物体被放在一个容器中直到达到热平衡，在容器被不断加热的过程中发射或吸收的电磁波波长会变短。

如果我们加热一个金属的拨火棍，当它变得越来越热时，它先是呈红色，然后变成了黄色、白色。当它特别热时看上去是蓝色和紫色。这种颜色变化的原理是根据普朗克的量子原理，即辐射出的光波的波长会越来越短。上千年来人类使用火来加热物体。但是我们却没有意识到光线颜色的变化是量子物理的体现。

事实上，从我们今天对物理的认识来看，不论是一根点亮的火柴还是太阳，都是普朗克的量子原理阻止了短波电磁波独霸发热物体辐射的能量。如果没有普朗克的"市场管理条例"，这些拥有极小波长的电磁波就会像哈利·波特书中的"摄魂怪"一样把所有的能量都吸干。普朗克的量子原理避免了所谓的"紫外灾变"的出现，它的命名是因为在经典物理中紫外是最短的可见光。在这里"紫外"指的是"波长非常短的电磁波"。

我不得不在这里把经典物理学中的"紫外灾变"和现实的数字时代做个比较。随着计算机和互联网造价日益低廉，功能日益强大，我们几乎不需要任何成本就可以制作、复制和传播文字、图片、电影和音乐。这一切造成了类似"紫外灾变"的后果——有价值的信息正面临着被庞大的低级或无用的信息所淹没的危险。结果会是如何呢？数字处理器越做越小，再过十年就可能小到原子的大小。那时它的操作就需要采用"量子方法"。我们关于信息的观念需要改变。我们获取信息和传播信息的方式将更加接近真实的自然。在自然界"紫外灾变"被普朗克的量子理论阻止。那么量子计算机也许会为我们带来探索和理解宇宙的全新工具，这些我会在最后一章提到。

在 1905 年的论文中，爱因斯坦明确地阐述了经典物理中的紫外灾变以及普朗克的量子理论是如何解决了这个问题。他进一步提出光的量子化特征可以通过"光电效应"独立的观测到。当紫外光打在金属表面时，可以探测到溢出的电子。1902 年，德国物理学家菲利普·莱纳德在研究光电效应的实验中发现溢出的每个电子的能量随光的频率升高而增加。爱因斯坦指出这个实验结果可以解释为电子以量子为单位吸收能量，而量子的能量遵循普朗克的量子原理。这样爱因斯坦就给出了量子假设的直接证据。就像普朗克一样，爱因斯坦也十分担心量子理论对经典物理的冲击。他日后曾经说道："就好像是地板被从脚下抽走了。"[12]

1913 年，当时在曼彻斯特为欧内斯特·卢瑟福工作的尼尔斯·玻尔发表了一篇名为《原子和分子结构》的论文。就像普朗克用量子观点解释了光一样，玻尔用量子化的观点解释了围绕原子核的电子轨道。在玻尔的文章发表之前，卢瑟福已经用实验证明了原子的结构像是一个太阳系——中心是小而致密的原子核，电子围绕原子核高速旋转。

卢瑟福的实验使用阿尔法粒子——玛丽和皮埃尔·居里发现的一种被放射物质释放出的粒子——作为探测原子结构的工具。卢瑟福利用一块放射物质释放的阿尔法粒子去撞击一片极薄的金箔，然后观测这些阿尔法粒子是如何被散射的。他非常惊讶地发现大部分阿尔法粒子都穿过了金箔，只有极小一部分被弹射到了其他方向。他得到的结论是原子中的绝大部分是空的，只有极小的原子核在它的中心。据传说，在卢瑟福得到实验结果的第二天早上，他很不情愿下床，担心自己会从地板漏下去。[13]

卢瑟福的模型包括中心一个极小的带正电的原子核和围绕它运动的带负电的电子。不同于一般正负电荷之间的互相吸引，电子在特定的轨道绕原子核运动。按照麦克斯韦的理论，电子围绕原子核的运动会产生电磁场和电磁波辐射。电磁辐射导致的能量损失会使电子的绕转速度减慢。电子会以螺旋形落入原子核导致整个原子的塌缩。这是同紫外灾变一样致命性的灾难，因为宇宙中的每一个原子都应该在瞬间塌缩。可是现实显然不是这样的。那么到底是哪里出了问题呢？

尼尔斯·玻尔在与卢瑟福工作期间，对卢瑟福模型的问题十分了解。就像普朗克将电磁波量子化了一样，玻尔也试图将电子轨道量子化。同样地，他也使用了一个与汉密尔顿作用量相同的物理量——电子的动量和轨道周长的乘积，其中电子轨道的周长为普朗克常数的整数倍。氢原子是最简单的原子，只有一个电子和最简单的原子核——一个质子。一倍的普朗克常数给出最里面的原子轨道，两倍的普朗克常数给出第二级的轨道，等等。玻尔发现，随着倍数的增加，他可以成功地推算出电子的一级级轨道，倍数越大，电子的轨道离原子核越远。在每个轨道上电子的能量都是固定的。通过吸收或发射特定能量的电磁波，电子可以从一个轨道"跳"到另一个轨道。

实验证明原子只可以发射或吸收特定波长的电磁波，与普朗克量子原理中能量是量子化的结论相吻合。玻尔发现通过简单地将电子轨道量子化，他推算出的氢原子发射线和吸收线的波长与实验完全吻合。

．．．．．．

普朗克、爱因斯坦和玻尔的突破性发现揭示了光是量子化的本质和原子的结构。但是他们的量子化原理都是在一些特定的条件下适用的，它们缺乏物理的实质。1925 年，海森堡提出了一种全新的模式来认识物理，并且一开始就考虑了量子化。既然经典物理无法解释原子的结构，海森堡决定暂时放弃经典物理，而从唯一可以观测的物理量——轨道电子吸收或发射的电磁波能量着手。通过一种被称为"时域傅立叶分析"的方法，他将电子的位置和动量以能量的形式来表述。

傅立叶方法的一个核心概念是虚数"i"，根据定义 i 与 i 的乘积为 -1。把"i"称为虚数使它听上去不太真实。但是在数学里 i 与其他任何数字一样都是确定的，i 的引入使得数字的概念更加完备。在海森堡以前，物理学家只把 i 当作一个方便的数学把戏。但是在海森堡的理论里，i 是一个核心元素，它第一次和现实世界的镜像联系在了一起。

虚数"i"最早出现在数学中是在 16 世纪的意大利文艺复兴时期。那时的数学家对求解代数方程非常着迷。借助于印度、波斯和中国数学家们的成果，他们开发出了一些很有用的方程式。在 1545 年，吉罗拉莫·卡尔达诺将当时代数的成就写成了《大术》。他是第一个系统地使用负数的数学家。在他之前，人们认为只有正数才有意义，因为人们很难想象用负数来计数，或者是负的距离和负的时间。当然按我们在学校里学习的，数字都是在一个从负无穷到正无穷的数轴上，零在数轴的中间。与正数一样，负数可以进行加、减、乘和除的运算。

有时卡尔达诺和其他数学家在求解代数方程时发现答案里包含一个负数的平方根。开始，他们丢弃了这些答案认为它们是没有意义的。后来希皮奥内·德尔·费罗发现在公式推导时，如果假设这些负数的平方根是有意义的，而继续推导，这些负数的平方根可以互相消去。这种方法使他找到了更多的方程式的解。

这个解方程的技巧对大多数人来说在一段时间内都是一个秘密，因为当时的数学家喜欢参加由富人赞助的公开比赛，任何技巧都可能意味着丰厚的奖金。不过这个技巧最终还是被卡尔达诺公开发表了。而后拉斐尔·邦贝利给出了更完整的解释。在他 1572 年出版的《代数学》中，邦贝利系统地解释了如何将算数法则扩展到包括 i。[14] 你可以用 i 加、减、乘或除一个普通的数（实数）。你得到的数可以写成 $x+iy$，x 和 y 都是实数。带有 i 的数字被称为"复数"。我们可以将实数想象成分布在一条从负数到正数的数轴上的点，复数则可以想象成分布在一个平面上的点，x 是它的横坐标，y 是它的纵坐标。数学上称这个平面为"复平面"。数字 0 是原点，任何复数都有一个"模"，它的平方由毕达哥拉斯定律计算为 x^2+y^2。

任何复数的任何级次仍是一个复数。当我们引入了 i 和 i 的倍数这个概念时，再不用担心平方根、立方根或任意方根会有什么问题了。从这种角度来说，复数是完整的。后来，数学家们又证明了，当使用复数时，所有的代数方程都有解。这个结论被称为"代数基本定理"。简单来说，i 的引入使得代数成为了一个更标致的数学分支。

下面我们来谈谈理查德·费曼认为的"数学中最无与伦比的公式"。[15] 这个公式是由历史上最多产的数学家莱昂哈德·欧拉发现的。欧拉是分析领域的主要创始人，包括一系列用于处理无限概念的数学方法。他其中的一个创新是使用数字 e。e 的数值是 2.71828……它被应用在数学的很多领域中。以 e 为底的指数函数在金融领域中用于计算复利或累积经济通货膨胀效应，在生物学中用于计算种族繁殖，在信息科学和任意领域的物理学

中都可以看到 e 的身影。欧拉发现如果以 e 为底，i 与角度的乘积为指数，结果是这个角度的三角几何函数为正弦函数和余弦函数。欧拉公式将代数、解析和几何联系在了一起。它被用于电子工程的交流电和机械工程的振动；它还被用于音乐、计算机科学甚至宇宙学。在第四章，我们会发现欧拉公式包含在物理学统一理论的核心部分中。

海森堡利用欧拉公式（以时域傅立叶级数的形式）将电子的位置描述为一系列与原子能态相关的数值的和。电子的位置成为由复数组成的无限数组，每一个复数表示两个不同原子能态之间的相关系数。

海森堡的论文在当时的物理学家中产生了很大的轰动。玻尔的电子轨道量化公式可以用数学模式来解释了。但是在这个新的物理模型中，电子的位置和速度是一个复数的矩阵，这是无法用熟悉的或直观的方法来解释的。经典物理学描述的世界正在一点点地消失。

海森堡的发现后没多久，薛定谔发表了他著名的波方程。他没有把电子描述成点状的粒子，而是把电子描述为分布在空间的波。薛定谔对一根吉他弦或一张鼓膜在振动时产生的特定的类似波的形状非常熟悉。以此为类比，薛定谔发现波方程的解给出了氢原子中电子在不同轨道的能量。海森堡和薛定谔关于电子轨道量子化的解释在数学上是等同的，但是大多数科学家认为薛定谔的方法更直观。 但是同海森堡的矩阵一样，薛定谔的波也是复数。它到底有什么物理意义呢？

在第五次索尔维会议之前不久，马克斯·玻恩提议：薛定谔波函数是一个"概率波"。在空间任意点找到粒子的几率是波函数在复平面上的模的平方。这样一来几何成为了量子理论的重要部分，海森堡和薛定谔方法中奇怪的复数只是计算几率的数学工具。

这种新型的物理观让爱因斯坦等物理学家非常不满，因为他们认为物理学应该能够将物理世界的变化具象地表现出来。他们的这一希望在准备索尔维会议期间破灭了。薛定谔发表了他著名的不确定性原理，指出在量子世界，我们不能同时准确地测量出一个粒子的位置和速度。他的论文是这样说的："对一个电子的位置确定得越准确，在同一时刻对它的动量的测量越不准确，相反也成立。"[16] 如果你现在知道一个粒子的准确位置，你就不可能知道他在下一时刻会在哪。你所能期望的最好的情况是知道粒子的大概位置和速度。

海森堡的不确定性原理是一个普适的原理，哪怕是球或行星这样的大尺度物体它也是成立的。对于这些大尺度的物体，量子的不确定性在它们的位置或速度上是微乎其微的。但是作为一个基本的原理，不确定性总是存在的。海森堡的不确定性原理表明了在量子理论中，没有什么是像牛顿、麦克斯韦和任何量子理论之前的科学家所认为的是完全确定的。现实世界远比经典物理所能描述的世界要不确定得多。

双缝实验是自然界量子化本质的最著名演示。考虑一个隔板，上面有两条互相平行又都非常细的狭缝。将隔板放在一个单色的光源（比如绿光）和一个屏幕之间。只有落在狭缝处的光可以透过隔板到达屏幕。当光从狭缝透过时会像四周发散，这个过程被称为"散射"。通过每个狭缝的光都将投射一个很宽的光柱在屏幕上（见图6）。

光分别从两个狭缝到达屏幕上的某一点所经过的距离通常是不相等的。所以当光波从两个狭缝到达屏幕时它们可能互相加强或削弱。它们会在屏幕上形成明暗交替的"干涉条纹"，光波加强的地方为亮纹，光波减弱的地方为暗纹。[17] 干涉和散射是典型的波象行为。这两种现象不但可以通过光波观察到，还可以通过水波、声波和射电波观察到。

现在来考虑光的量子性。如果我们把光源的强度减弱并且把屏幕换成一个能够探测到单个光子（普朗克的光量子）的高灵敏度电子照相机。这时，到达照相机的光不再是一个连续的有固定强度的光柱。光子以随机的一串串的能量包的形式到达相机并且产生一个瞬时的闪光。将这些闪光记录下来后，我们发现虽然每个光子都是以能量包的形式到达相机的某个位置，但是光子整体还是以波的形式穿过狭缝并相互干涉的。

现在奇怪的事情发生了。如果我们把光源的强度减弱到每次只有一个光子通过狭缝到达相机。我们把每次光子到达相机时产生的闪光记录下来，结果仍旧是干涉条纹。每一个光子都和自己产生了干涉，那么它们一定是两个狭缝都穿过了才到达了相机。

我们的结论是光子有时候具有粒子的特性，有时候具有波的特性。当我们探测到它时，它总是在某个确定的位置，就像一个粒子一样。但是当它们在空间传播时，它们又是以波的形式，它们会利用所有可能的路径，在空间中散布开来，产生散射和干涉等现象。

随着时间的推移，人们逐渐认识到依据量子理论电子、原子和其他的粒子都有和光子类似的特性。当我们探测到一个电子时，我们发现：连同它的电荷一起，它在某个确定的位置。但是当它绕着一个原子运动或者在空间自由穿梭时，它体现的则是波的特性，也会产生相应的散射和干涉。

量子理论通过阐述力和粒子都具有对方的特性来统一力和粒子的概念。在牛顿和麦克斯韦的物理世界中由于场的存在，粒子通过力相互作用。量子理论替代了这种观念，将力与粒子统一在了一起。量子化的场即有粒子性又有波动性。

尼尔斯·玻尔将波粒二象性称为"互补原则"。他指出有些情况用粒子来描述合适，有些情况则用波来描述更合适。要点在于这两种特性并不相互冲突。我想起当时著名的美国作家弗朗西斯·斯科特·菲茨杰拉德的一句话："要想知道一个人是否绝顶聪明，就要看他是否能将两种完全对立的想法运用自如。"[18]

玻尔同时还是一个哲学家和数学家，他具有非常敏捷和开放的思维。但是他的文章有些神秘和另人费解。他在索尔维会议的主要任务似乎是劝说与会者不要过于担心，虽然当时的量子理论看上去有很多另人难以理解甚至非常奇怪的地方，但是一切都最终会有合理的解释的。玻尔似乎有一种直觉，已知的这些量子理论和现象都是可以通过某种方式贯穿在一起的。他还不能证明他的这种直觉，他也没有能够说服爱因斯坦相信他。

爱因斯坦在第五次索尔维会议上一直是少言寡语，会议记录中也少有他的发言。他被量子理论中的随机性和可能性以及那些抽象的数学公式所困扰。他曾经不止一次地说出那种名言："上帝不掷骰子！"。玻尔在某一次回应他道："爱因斯坦，上帝不需要你来告诉他世界该如何运转。"[19] 在这次和而后的几次索尔维会议中，爱因斯坦一直试图找到一个悖论去证明量子理论是不统一也是不完备的。但是，每一次玻尔都会在一两天内找到破解他悖论的方法。

爱因斯坦一直被量子理论所困扰，特别是关于这个波粒二象性的问题。在 1935 年，他同鲍利斯·波多尔斯基和纳森·罗森合作发表了一篇文章。这篇文章当时被大多数物理学家所忽视，认为它过于哲学化。但是它为大约三十年后一场有关量子理论本质的变革播下了种子。

爱因斯坦、波多尔斯基和罗森提出的悖论是非常巧妙的。他们假设一个不稳定的粒子，比如放射性元素的原子核。这个粒子放射出两个完全一样的小粒子，分别以相同的速度飞向相反的方向。在任何时间它们所在的位置到被发射出来的位置的距离都是相等的。根据这一结论，假如我们等到这两个粒子距离很远达到几光年时再进行测量，那么我们只需测量其中一个粒子的位置，自然就可以得到另一个粒子的位置。如果我们测量一个粒子的速度，我们也不需测量就可以得到另一个粒子的速度。这个悖论的关键问题在于当你决定是观测粒子的位置还是速度时，你离另外一个粒子太过遥远，它不可能影响到你的决定。可是当你完成了测量时你却可以知道那个遥远粒子的位置或速度。爱因斯坦和他的合作者们指出即使量子理论不能同时描述它们，那个没有被测量的粒子一定也有确定的位置和速度。他们的结论是：量子理论一定是不完全的。

其他物理学家对他们的论点表示了抗议。沃尔夫冈·泡利说："一个人不应该为一个他所不知道的事物的存在与否绞尽脑汁，这和那个古老的关于针尖上可以坐多少个天使的问题一样没有意义。"[20] 但是爱因斯坦 – 波多尔斯基 – 罗森的悖论并不那么容易被忽视，最终物理学家找到了解释它的方案。

. . . . . .

你有没有想过，我们是否生活在一个巨大的阴谋中，事情并不是像我们眼睛所看到的那样呢？我想起一部由金·凯利主演的电影《楚门的世界》。楚门过着快乐而正常的生活，却不知道这一切都是被数百万的电视观众作为娱乐来观看着。最终楚门发现了事实的真相，他在绘制成天空的拱顶上发现了一扇门，从而逃离了出来。

从某种意义上讲，我们都生活在一个巨大的楚门的世界里，我们认为这个世界在空间上和时间上的任意一点的性质都是可以明确给出定义的。在 1964 年，爱尔兰的物理学家约翰·贝尔发现了一种确凿的方法来证明，任何经典的物理世界的概念在某种条件下都可以由实验证明是错误的。

量子理论使得物理学家被迫放弃了宇宙是确定性的概念，他们不得不承认，从原则上讲，他们能够做到最好的就是给出几率。我们仍旧可以把整个自然想象成一个巨大的机器，只不过它遵循一些我们所不知道的运行机制，就像爱因斯坦说的那样，不时掷个骰子。物理学家戴维·玻姆就提出了一个类似的理论。他认为薛定谔的波动方程是引导粒子在空间和时间中运动的"引航波"。在他的理论中，粒子的确切位置是一个统计概率事件，它是由某种我们无法直接研究的物理机制决定的。他的理论和一些其他的相似观点被称为"隐藏变量"理论。不幸的是，玻姆的粒子会受到远离它的其他事件的影响的观点曾被法拉第和麦克斯韦强烈反对。物理学家们接受了"一个物体只会被在它附近发生的物理事件所影响"的观点并将其作为物理世界的基本法则。正因为此，玻姆的观点不被很多物理学家看好。

一个经典的物理世界，物体只受到本地事件的影响，而这种影响的传播速度不能超过光速。在 1964 年，受到爱因斯坦 - 波多尔斯基 - 罗森悖论的启发，当时正在欧洲核物理研究中心（CERN）工作的约翰·贝尔提议用一个实验来验证这个所谓的经典物理世界是不存在的观点。贝尔的建议实际上是要"捕捉现实世界的真实事件"，用来证明任何经典的、由局部事件决定的世界都是不可能存在的。

贝尔设计的实验包含两个完全一样的基本粒子朝向相反的方向飞行。就像爱因斯坦、波多尔斯基和罗森想象的那样，这两个粒子的物理性质是完全相关的，其中一个粒子的位置和速度可以从另一个粒子得出。但是，贝尔决定不测量它们的速度和位置，而是测量一个更基本的物理量——自旋。

依据泡利和狄拉克的理论，我们知道大部分基本粒子是有自旋的。我们可以把它们想象成是一个微小的陀螺以某种固定的速度在旋转。与自旋相关的能量是普朗克常数的整数倍，具体的原因我们在这里先不讨论。需要我们注意的是，我们观测到的总是下面两种结果之一，要么是顺时针旋转，要么是逆时针旋转。我们称逆时针的自旋是"朝上"的，而顺时针的自旋则是"朝下"的。

贝尔假设这两个爱因斯坦 - 波多尔斯基 - 罗森粒子产生在一个"零自旋态"的情况下，如果我们相对于同一个轴来测量粒子的自旋，那么如果一个是"朝上"的，另一个就一定是"朝下"的。我们称这两个粒子处于"量子纠缠"状态，也就是说当其中一个粒子的物理量被测量后，另一个粒子相应的物理量也就确定下来了。根据量子理论，不管它们之间的距离有多远，这两个粒子总保持它们之间的一致性。这就是爱因斯坦指出的量子理论中的"幽灵般的超距作用"。

贝尔考虑在实验中仅当两个粒子距离非常远时才测量它们的自旋。他发现了一个细微的但是具有决定性的现象。这个现象决定了经典的、由本地事件决定的物理世界是不可能解释量子理论中所预见的那些统计模式的。

让我们把这个实验弄得更简单一些。让我们用两个盒子来代替两个粒子，每个盒子中有一个硬币。让我们再用硬币的正反面来代替粒子的"朝上"和"朝下"自旋。

假设我给你两个完全一样的盒子，每一个盒子都是由等边三角形组成的四面体。一面是闪光的金属基座，另三面分别是红、绿和蓝三色。这些有颜色的面是可以打开的门。每当打开一扇门，你都可以看到硬币的面是朝上还是朝下。

你还发现，盒子的底是带磁性的，当两个盒子底对底地粘在一起时，所有的门都是紧闭的。你还可以听到嗡嗡的声音，表明两个盒子的状态被设定好了。

你和一个朋友合力把两个盒子拉开。我们这就模拟了爱因斯坦－波多尔斯基－罗森悖论的实验。现在你和你的朋友一起查看盒子中的硬币。第一次你们都打开了红色的门，你看到了正面，你的朋友则看到了反面。你们把盒子重新粘在一起，然后把它们拉开，再打开红色的门查看硬币。你们重复很多次后，你发现你的结果是随机的，一半情况是正面朝上，一半情况是反面朝上。不管你的结果是什么，你朋友的结果总是和你的相反。这一次你和朋友将盒子拿到彼此距离很远的地方再打开。重复很多次后，你们的结论没有改变，你事先猜不到你盒子里的硬币是哪面朝上，但是你的结果总能够让你准确地猜到你朋友的盒子里的结果。虽然两个盒子中的结果是随机的，但它们彼此之间总是相反的。

这个结果看似奇怪，但是它是可以出现在一个经典的、由本地事件决定的物理世界里的。你只要设想存在某种机器，当两个盒子底对底的贴在一起时，如果红门打开，这个机器会将一个盒子里的硬币设为正面朝上，然后把另一个盒子里的硬币设为反面朝上。

现在我们再继续做实验。你和你的朋友决定这次都开绿色的门。你们重复了之前的实验，得到了同样的结果：你们各自有一半的时间得到正面朝上的硬币，而且你们的结果总是相反的。如果同时打开蓝色的门，结果也是如此。

到目前为止，我们还看不到和经典物理世界向左的地方。要想出现上述的实验结果，我们只需要设计一个机器，当两个盒子底对底时，一个盒子的硬币随机地出现一个面，另一个盒子内的硬币则和它相反就可以了。例如，一个盒子里相对于红、绿、蓝门的硬币分别是正、正和反，那么另一个盒子里的硬币的面就是反、反和正。如果一个盒子里面是正、正和正，另一个盒子里面就是反、反和反。依此类推。

这次我们把实验稍作变化。我们还是先把两个盒子底对底放在一起，然后把它们拉开。这一次，你和你的朋友随机打开一个门，将硬币的面记下来。如此重复多次。你们发现有一半次数的实验你们的结果是一致的，另一半次数是不一致的。初看起来，一切都很合理，盒子给出的结果是随机的。但是，如果进一步比较你们的结果，你会发现每当你和你的朋友打开相同颜色的门时，你们的结果永远都是相反的。这样看来，这两个盒子之间还是相互联系的，它们的结果是不完全独立的。问题是：这两个盒子是否被设置成了当同一颜色的门被打开时硬币的朝向是相反的，但是当随机颜色的门被分别打开时，只有一半的情况硬币的朝向是相反的呢？

假设，我们将盒子做了如下设置：你盒子里的硬币总是按照正、正、反的顺序出现，你朋友盒子里的硬币总是按照反、反、正的顺序出现。你和你的朋友把各自的盒子随机打开三次。你和你的朋友会分别选择：红—红、红—绿、红—蓝、绿—红、绿—绿、绿—蓝、蓝—红、蓝—绿和蓝—蓝九种可能。在5种情况下你们会得到不同的答案，另4种的答案是一致的。调整盒子的设置，你的盒子里的硬币总是正面朝上，而你朋友盒子的硬币总是反面朝上。这一次你们的结果总是不同的。我们还可以尝试对盒子做其他的设置，但是当你随机打开一扇门时你总有至少九分之五的机会和你朋友的结果不同。但是这与我们之前的实验结果就不同了。

你可能已经猜到了，量子理论得出的结论和我们之前的实验结果是一致的。你们的结果有一半是一致的，另一半是不一致的。实际的物理实验是采用两个自旋总量为零，分离足够远的爱因斯坦－波多尔斯基－罗森粒子，来测量它们在三个轴上的自旋。其中每个轴之间的夹角为 120 度。你选择的轴就如同打开某个颜色的门。根据量子理论，如果选择同一个轴来测量粒子，那么两个粒子的自旋方向就是相反的。如果你选择不同的轴来测量，四分之三的情况下自旋同向，另外四分之一情况下自旋之间是反方向的。如果随机选一个轴来测量，一半自旋同向，另一半则自旋反向。比较我们之前的关于盒子和硬币的讨论，这个结果显然不可能出现在一个经典的由局部事件决定的物理世界里。[21]

在下结论之前，你可能会担心两个粒子之间可能会通信，比如以光速发一个信号。这样在我们选择不同的轴来测量自旋时，粒子会把它们的自旋方向关联起来，四分之三的情况自旋方向相同，另外四分之一方向相反。针对于此，我们总可以假设我们能够选择两个粒子的距离足够远，当对一个粒子做测量时，即使有信号以光速从这个粒子发出，它也不可能及时到达另一个粒子而对测量结果有所影响。

1982 年，法国物理学家阿兰·阿斯佩、菲利普·格兰格和杰拉德·罗杰进行了有关爱因斯坦－波多尔斯基－罗森粒子的实验。为了阻止两个粒子之间的任何交流，以免对轴的选择影响结果，他们选择在粒子的飞行途中决定要测量自旋的轴。他们的结果证实了量子理论的预言，表明了量子物理世界是不能用经典的物理学原理来解释的。有些物理学家认为他们的实验结果是物理学最伟大的发现。

九分之五和二分之一似乎并未相差多少，这好像是做了很多次加减法，最后发现自己的结果是 1000 = 1001（我肯定这会发生在我们任何一个人身上，特别是填写个人年度报税表的时候）。设想你检查一遍又一遍，就是查不出错在哪儿。然后所有的人都查了一遍，世界上最好的计算机也查了一遍，还是找不到错误在哪里。现在我们减去 1000，我们得到了 0=1。

如果采用这个等式，我们可以证明任何一个公式是对的，也可以证明任何一个公式是错的。所有的数学概念都化成了一缕烟而消失了。同样的，贝尔的理论（贝尔不等式）和他的实验，也使得任何用经典的和局域性的物理描述的世界随之消失了。

这些实验结果对我们是个警醒，它强调了量子世界与经典世界有着本质的不同。它使得我们谨慎地思考如何在未来利用这些不同。在第五章，我会分析那些在量子世界里可以实现但在经典世界里却不能实现的事情。它为我们展现出了一个充满机遇的全新世界——量子计算机、通信甚至各种观察世界的技术都会高高地凌驾于现在的水平之上。成为现实的新技术可能会带来人类生活方式的长足进步，我们对于宇宙的理解和阐述宇宙运行的原理和机制的能力也会达到前所未有的水平。我们的量子未来是令人敬畏的，我们非常幸运地生活在量子世界的开端时期。

. . . . . .

贯穿 20 世纪，虽然爱因斯坦对量子理论充满了疑虑，量子理论还是取得了一个又一个的胜利。比如量子理论为居里发现的放射性给出了解释：由于粒子的遍布在空间的几率波，一个被束缚在原子核中的粒子偶尔会通过量子隧道跳出原子核。随着核物理的发展，我们已经明白了太阳的能量是由核聚变提供的，而核能量也在地球上得到了广泛的使用。以量子理论为基础，我们有了粒子物理和固态、液态、气态物理等分支。量子物理也提供了化学的基础，解释了分子的形成。它还解释了超导现象、物质新的凝聚态和其他很多非凡的现象。量子理论使得晶体管、集成电路、激光、LED 显示屏、数字照相机和所有现代的电子小玩意的出现成为可能。

量子理论也带动了基础物理学的飞速发展。保罗·狄拉克将爱因斯坦的相对论和量子力学结合在一起成为相对论电子方程，他预言了电子的反粒子正电子的存在。而后其他的物理学家又通过研究电子与麦克斯韦电磁场的相互作用，发展出了新的物理分支——量子电动力学（简称 QED）。美国物理学家理查德·费曼和朱利安·施温格以及日本物理学家朝永振一郎利用 QED 计算基本粒子的基础性质和相互作用，他们的精度最终达到了小于一万亿分之一。

根据保罗·狄拉克的建议，费曼发展了一套描述量子理论的方法，表明薛定谔的波动方程随时间的变化可以用欧拉的 e，虚数 i，普朗克常数 h，以及汉密尔顿的最小作用原理来表述。根据费曼的方程，物质世界可以同时采取任何方式的变化，只不过某些方式比其他的方式更容易发生。费曼的观点为"双缝实验"提供了很好的解释：粒子或光子同时采用两个路径到达屏幕。当同时考虑两条路径的影响时，得到的结果就是薛定谔的波函数。两条路径之间的相互干扰产生了代表光子或粒子打在屏幕不同地方的几率的图形。在第四章，我将用费曼这个出色的量子理论方程来解释物理学的大统一理论。

量子理论虽然在很多方面都很难让人理解，但是它却是各个科学分支中最成功、最强大的，也是被实验最精确地验证了的理论。虽然量子理论是从实验中的蛛丝马迹中发现和发展起来的，但它却是抽象的、数学性的逻辑思维的胜利。在本章里，我们见证了这种思维方式的神奇力量，正是它使得我们能够将我们直觉的认识扩展到一个远超过我们的想象能力的范畴。我特别强调了虚数 i，它是 -1 的平方根，它的引入从根本上改变了代数，将代数和几何联系在了一起，进而使得我们能够用它来构建量子理论。从广义的角度来讲，i 的使用象征着量子理论的运行方式。在我们观测它之前，物理世界处在一个抽象的、模糊的和不确定的状态。它遵循某种精致的数学原理，但是我们却不能用日常生活的语言来描述。当引入量子理论时，我们就可以通过观测这个事件，将物理世界的复杂状态强制转化成可以用普通数学来描绘的简单易懂的模式。

事实上，i 的作用远比我们之前提到的要强大，这表现在它和时间之间的深刻关系。在第三章中，我会解释爱因斯坦如何用狭义相对论将时间和空间统一成了"时空"的概念。而后德国的数学家赫尔曼·闵可夫斯基又将时空的概念进一步清晰化。他同时发现如果将空间从三维变为四维，其中一维用虚数来表示——普通的实数乘以 i——这个虚拟的空间维度正好代表了时间。闵可夫斯基发现：用这种方法，他不但可以推导出爱因斯坦狭义相对论的结果，而且过程还更简单。[22]

令人惊叹的是：采用同样的数学窍门——考虑四维空间并且其中一维使用虚数——不但解释了狭义相对论而且还非常准确地解释了量子物理中的所有问题！设想一个经典的物理世界具有 4 个维度但是没有时间。再设想这个世界是热平衡的，并且它的温度是由普朗克常数决定的。如果我们计算所有的物理量和他们之间的相互关系，再采用闵可夫斯基的方法引入时间维度，我们就可以得出量子理论所预见的所有结论。这种将时间作为空间中的一个维度的做法非常有用。在对强作用力的理论研究中，这种方法常用于计算机计算原子核粒子，比如质子和中子的质量。

相类似的，将时间作为空间中一个虚拟的维度也是我们研究黑洞和宇宙大爆炸奇点的最好线索。它提供了研究量子真空的知识基础，也是研究量子真空的每一个角落是如何被量子涨落所充满的基础。真空能量在宇宙中已经占据主导地位，并且在遥远的未来仍会控制宇宙的演化。虚数 i 成为了我们当前试图解开宇宙学中最大谜团的核心工具。正如 i 在量子物理的构建过程中起到了关键性作用，也许，它可以再一次引导我们来勾画 21 世纪新的物理世界。

数学是我们的"第三只眼"，它使得我们能够观察和理解那些在现实世界中与我们的经验相差甚远而令人无法想象的事件。数学家经常被看作是不食人间烟火的人，考虑的问题都是在想象的和人为制造的环境中的。但是，量子物理却使我们认识到，从非常现实的意义上讲，我们都生活在一个想象的现实中。

第三章
到底什么炸了？

> 已知的是有限的，未知的是无限的；对于知识，我们就像是站在一个小岛上，面对着无边无际的由令人费解的事物组成的海洋。我们每一代人的任务就是多开拓出一些陆地。
>
> ——托马斯·亨利·赫胥黎，1887[1]

> 在所有现象的背后一定有一个非常简单而又精致的解释，当我们最终发现它时——可能已经是十年之后、百年之后甚至是千年之后了——我们会对彼此说，怎么可能有其他的解释呢？
>
> ——约翰·阿奇博尔德·惠勒，1986[2]

有时候我觉得我是世界上最幸福的人，因为我的工作是探究宇宙的起源和演化。它最初是如何形成的，它是如何演化的，它的未来又会是什么样子呢？

1996 年我担任剑桥大学数学物理系的主任。在那里我遇到了当时任卢卡斯数学教授的斯蒂芬·霍金。卢卡斯数学教授席位是剑桥的一个荣誉教授席位，曾经任此职位的就有牛顿。30 年前，霍金证明了爱因斯坦的公式预示了在宇宙大爆炸时期奇点的存在。这个奇点导致了所有物理定律在宇宙的起点都是不成立的。在 20 世纪八十年代，霍金和美国物理学家詹姆斯·哈特尔提出了一个可以避免奇点出现的理论，这样宇宙的起源就仍可以用现有的物理定律解释了。

在我和霍金共事的时候，他正在帮助制作一个关于宇宙学的电视系列节目。他邀请我在节目中接受采访。节目播出不久，我在信箱里发现了我在坦桑尼亚时的小学老师玛格丽特·卡尼小姐的来信。我当时高兴地上窜下跳。玛格丽特一直在我的心中占有很重要的位置，可惜在我 10 岁时全家迁到了伦敦后就和她失去了联系。玛格丽特现在已经回到了苏格兰。她在电视上看到了我的名字。她在信中写道："你是我在达累斯顿萨拉姆邦吉小学教的那个小男孩尼尔·图罗克吗？"

玛格丽特一生致力于教育事业。她是苏格兰启蒙运动传承下来的数学和科学教学传统的一部分。她和她的孪生姐妹安娜都在达累斯顿萨拉姆的小型公立学校教书。那时她们和也是教师的母亲住在学校楼上的公寓里。玛格丽特教学成功的秘密在于她不是按部就班地教书而是鼓励学生在不同方面的兴趣。她给了我很大的自由空间和很多可用的素材。我绘制了学校的地图，描画了动物和植物的写生，尝试了阿基米德的浮体实验，还探索了几何图形和数学公式变化的奥秘。在家里我用旧汽车的零部件制造电动马达和发电机，收集甲壳虫，花几个小时观察蚁狮，制造爆炸，利用棕榈叶搭窝棚，当然我还要提防蛇会搬进来。总的来说那是个快乐的童年。

就在玛格丽特给我写信前不久，我被告知剑桥最古老的传统之一是由新任命的教授在就职时做一次面对公众的报告，可是现在很少还有人履行这个传统了。但是当我收到玛格丽特的来信后，我决定要遵从这个传统，以表示对玛格丽特的尊重和感谢。于是我打电话邀请了玛格丽特和她的姐妹。自那以后我们一直保持联系。几年之后，我还到爱丁堡去看望了她们。

她们是社区生活的核心人物，虽然都已经 70 多岁了，但仍在博物馆当志愿者，组织和出席公众讲座。

那次我去看望她，我们一起在她的公寓里喝茶。玛格丽特问我在做哪方面的工作。我告诉她是"宇宙学"，然后就开始向她解释。"我觉的这里只有一个真正重要的问题，就是'宇宙大爆炸到底是什么炸了？'"她摆摆手，带着浓重的苏格兰腔打断我，说道："我每次去参加天文学的公共讲座，我都会问这个问题，可是我从来没有得到过合理的解释。"

"玛格丽特，这就是我在研究的课题！"我对她说。"我一直都知道你是个聪明的孩子"，玛格丽特一边回答一边拿出一张旧照片。上面的我一边在学校的农场挥锄头，一边冲着她在笑。我看上去干得很卖力。

我试图向玛格丽特解释一个我正在研究的新模型，其中大爆炸是由两个三维的物理世界相互碰撞而产生的。但是我可以从她略显呆滞的目光中猜到这一切对她都太复杂和太细节化了。她是一个脚踏实地很务实的人。她希望得到一个简单明了又令人信服的答案。令人伤心的是她和她的姐妹在几年前去世了，而我还在寻找一个能令她们满意的答案。

在现代社会，人们更关心与切身利益相关的事情，宇宙学好像是一个奇怪的题目。爱因斯坦曾经表述过相似的观点，"这个世界最不可思议的事是它的可理解性。"[3] 连他都认为我们人类可以通过观测宇宙明白它是如何工作的是一个奇迹。

但是在古希腊，人们持不同的观点。早期的希腊哲学家认为人类是大自然的一部分，理解它是一切行动的基础。他们将宇宙看成是神，他的核心是和谐。他们称它为"kosmos"，并且相信他是终极真理、智慧和美丽的化身。"理论"（theoria）这个词也是古希腊发明的，它的意思是"我看到了神。"[4] 他们认为，自然界的最基本原理应该是我们判断对错和管理社会的依据。宇宙比我们任何人都伟大，通过对它的理解我们也许能够更准确地理解自身以及我们的生活方式。古希腊人认为理解宇宙并不奇怪。它是理解我们是什么和我们将成为什么的关键所在。他们认为宇宙是可以理解的。历史证明他们是正确的，我们应该从他们身上获得鼓舞和自信。

在中世纪，宇宙学也在社会中起到了重要作用。当时天主教会坚持地球是宇宙的中心这个观点。文艺复兴时期的思想家和教会就此展开了激烈的大辩论。哥白尼和伽利略复兴了很多古希腊的观点，包括采用逻辑辩论而不是延用教条。通过证明地球只是一个围绕太阳运转的行星，我们才从宇宙中心的禁锢中被解放出来。我们是星际的旅行者，整个宇宙都是我们旅行的乐园。伽利略受到古希腊哲人的启发提出了普适性的数学法则，这是一种深刻的民主观点。他认为只要拥有逻辑思维、观察能力和数学知识，任何人都可以理解世界的运行方式，这是与地位和权势无关的。

基于伽利略的直观概念，艾萨克·牛顿统一了运动和引力定律，还发明了微积分，奠定了工程技术和工业社会的基础。不要忘了牛顿的主要发现是从研究太阳系得来的，当然在随后的几个世纪它主要应用在我们自己的星球上。可见宇宙很善于教授我们事情。

两百年后，迈克尔·法拉第从自然界探索到了更多的秘密，他的实验和直觉对麦克斯韦的指导作用如同伽利略对牛顿的指导作用一样。麦克斯韦统一了电、磁、光，奠定了量子理论和相对论的基础。麦克斯韦的理论给爱因斯坦留下了深刻的印象。他在 1905 年关于光的量子化的论文中写道："光波理论……被证明是一个出色的关于纯光学现象的模型，而且恐怕永远不会被其他理论所取代。"[5] 后来在 1931 年一篇关于麦克斯韦的论文中爱因斯坦写道："在麦克斯韦之前人们认为物质世界是由粒子组成的。从麦克斯韦时期开始，人们认为物质世界是由连续的场构成的……这种对物质世界认识的转变是自牛顿以来物理学所经历的最深刻和最多产的变革。[6]

麦克斯韦的理论启发了爱因斯坦的关于空间、时间和引力的理论，这些理论最终描述了整个宇宙。而这一理论的量子版本最终发展成亚原子物理并用于描述热大爆炸。在 20 世纪后半叶量子理论被用来解释导致星系的形成的宇宙密度变化。物理学又与它的起点连在了一起，当初牛顿窥视了宇宙的一角，受启发而发展了地球上的数学和物理原理。而这些理论反过来又促进了我们对宇宙的进一步了解。古希腊的哲人一定对于我们的成就非常开心。从宇宙中学习知识，再将这些知识运用到对宇宙更深刻的认识过程中，我们应该一直保持这个良性循环。

我前面提到在我还是个小孩子的时候，我认为宇宙是一个画满星星的穹顶。而现在再站在天空下放眼宇宙时，我感叹麦克斯韦、爱因斯坦和他们之后的物理学家们对我们认知宇宙所做的贡献。对于我来讲，对宇宙的理解是一种令人难以置信的特权。它使得我们能够窥视我们是什么和我们应该成为什么这个亘古问题的答案。当我们仰望天空，我们其实看到的是内在的自我。能够站在天穹下，并且知道它是如何工作的是多么奇妙的事情啊。更奇妙的是，我们还能窥视到我们所未知的知识领域，并且预期到更重要的、深刻的问题的答案。自始至终，数学仍旧是我们获得知识的手段。对于我来讲，真实的物理世界是一个神奇的伟大的事物，我最感兴趣的是世界的意义到底是什么。

. . . .

想象一个完美的光球，只有 1 毫米大。它是你可以想象的最亮的、光度最密集的球，如果你考虑把太阳压缩到原子大小，也许可以帮助你想象这个光球的内部是多么耀眼。如此高的温度，任何原子甚至原子核都不可能幸免。它们都被分离成基本粒子构成等离子和光的能量子——光子。

现在这个光球以你不可想象的速度膨胀，1 秒钟之内，它就已经有 1 千光年大了。光球体积的变化并不是爆炸导致的，因为任何粒子甚至光子都不可能以如此快的速度移动。事实上，是光球中的空间在膨胀。随着它的膨胀，光子的波长会被拉长，它们变得不再那么高能，等离子的温度也会降低。宇宙膨胀后的第一秒，温度是 100 亿度，光子仍旧有足够的能量摧毁原子核。

随着光球内部空间的继续膨胀。等离子体的温度继续冷却，物质粒子已经能够聚集在一起形成原子核了。膨胀开始后的 10 分钟，最轻的化学元素——氢、氦、锂——的原子核已经形成了，更重的一些化学元素的原子核，比如碳、氮和氧将会在恒星和超新星中形成。

光球继续膨胀，但是速度已经明显降低了。经过 40 万年，它的大小已经到达 1 千万光年。它的温度已经足够低以至于原子核可以捕获电子而形成第一代原子。它的环境与太阳表面上千度的温度很相似。这时空间仍旧在膨胀，只是速度要低得多，它仍然均匀地充斥着以物质和辐射为基本特性的等离子体。但是当我们环视整个空间时，我们已经可以看到一些很小的密度和温度的变化，虽然这些只是十万分之一的相对变化。就像是海洋里的波浪一样，这些密度的小波澜从小到大出现在所有的尺度。

随着宇宙的膨胀，引力使得这些小波动越来越强大，就如同海浪逼近岸边时一样。密度稍大的区域会变得更加致密而塌缩成星系、恒星或行星。密度稍低的区域则会膨胀而填充星系之间的空间。在距宇宙爆炸后的 137 亿年后的今天，那个毫米大的明亮光球已经成长为一个拥有千亿个星系和恒星的巨大空间。

虽然我描述的这些事件都已经发生了，但我们仍可通过遥望太空来对它们进行研究。因为光以固定的速度传播，越往远看，我们观测到的就是物体更早期的状态。比如月球离我们只有几光秒的距离，这表明我们看到的是它几秒钟前的样子。类似的我们看到的是 8 分钟之前的太阳，40 分钟之前的木星。距我们最近的恒星是在太阳系外 10 光年，我们看到的是它 10 年前的状态。当我们现在观测离我们最近的仙后星系时，我们实际看到的是它在 200 万年前人类还没有出现在地球上时的状态。

当我们看向更遥远的太空，我们也就是在追溯更久远的宇宙历史。在我们的周围我们看到的是一个平静的、更容易被预见的和缓慢膨胀的中年宇宙。通过对恒星内部化学元素的探测，我们可以测量宇宙不同区域的金属丰度，它们与理论的预期值是相符的。我们向后倒退 120 亿年，宇宙正处于躁动不停的青春期。我们看到气体云塌缩形成的类星体，它的超乎寻常的巨大辐射能由质量庞大的黑洞吸积周围物质来提供。我们也可以看到刚刚形成的漩涡星系和椭圆星系。在比这些星系更远的地方，我们看到了初生的星系，这时新形成的一缕缕的气体正在开始相互聚集。如果我们看向更遥远的太空，我们可以一直追溯到距离大爆炸刚刚 40 万年时的宇宙，那里充满了像太阳表面一般炙热的等离子体。

但是更遥远的宇宙却是我们无法观测到的，因为那时的原子都被分解成了带电离子，早期宇宙发出的光全部被这些电离子散射而无法到达地球。我们被包裹在这层高温等离子体中间。由于宇宙膨胀效应，这些高温等离子体的辐射在达到地球时已经被拉长到了微波波段。从我们的角度来看那时的宇宙，我们就如同处于一个巨大的高温的球形微波炉的中央。

我们刚刚描述的热大爆炸理论，它对宇宙演化的描述获得了巨大的成功。但是我还是听到那个同样的问题："到底是什么炸了呢？"其实什么也没炸，只是空间从一个假象的时间起始点开始膨胀。这里没有中心，宇宙任何一点的状态都是相同的，它们都在以同样的方式膨胀着。我们之前假想的那个毫米大小的球只是原始宇宙中的一部分，它们持续膨胀而形成了我们现在观测到的一切（见图 7）。

1982 年，我在伦敦的帝国学院读研究生时开始对宇宙学产生兴趣。我听说在剑桥大学有一个名为"最早期的宇宙"的研习班。我决定去那里听一天报告。当时最著名的理论物理学家都到场了，有阿兰·古斯、斯蒂芬·霍金、保罗斯坦·哈特、安德烈·林德、迈克·特纳和弗兰克·维尔切克等。他们对于宇宙暴胀的理论都表现得很兴奋。

　　引入宇宙暴胀是为了解释大爆炸最初时的光球，因为它具有很多令人不解的特性。这个光球不但具有高到极至的密度，并且有非常均一的内部结构。它内部的空间不是遵循爱因斯坦引力理论的弧形而是近乎完美的平行空间。这样的物质结构是如何在宇宙的开始时形成的呢？它又是如何产生出微小的密度不均匀从而为星系的形成提供了种子的呢？

　　为了解释这些疑问，麻省理工大学（MIT）的物理学家阿兰·古斯最先提出了宇宙暴胀理论。古斯认为虽然在开始时宇宙处于非常随机的和混乱的状态，但是仍然可能存在一种机制可以平抚宇宙并用大量的电磁辐射将宇宙空间充满。他认为这种机制可以来源于大统一理论。长期以来，物理学家一直试图建立"大统一理论"用来描述所有粒子的物理性质和除万有引力之外的任何作用力的性质。这些理论引入了"标量场"的概念。不同于前面提到的电磁场，标量场内没有方向，它在空间每一点的性质都可以只用一个标量来代表。在大统一理论中，这些标量场被称为"希格斯场"，它们被用来区分不同的粒子和力。这些粒子和力其实是一般化的弱电子希格斯场，据最近的报道，大型强子对撞机已经找到了希格斯子，我们会在第四章中对此做进一步讲解。

　　这些理论提出了一种"标量势能"的概念，它的引力是相斥的而非相互吸引。古斯设想初期的宇宙就是由这种能量构成的。如同我们之前提到的光球，它非常致密。由于相斥的引力作用，它内部空间的膨胀远比我们的光球要迅速得多，特别是在初期空间是成指数倍增长的。古斯将这个理论称为"宇宙膨胀"。

　　根据古斯的理论，最初宇宙的大小可以小于毫米量级，甚至小于一个原子核。它的内部也不需要很大的能量。事实上，初始的宇宙可以只有普朗克常数大小。根据量子理论这可是我们能够达到的最小尺度。它也只需要拥有与一箱汽油所提供的化学能相当的能量[7]。由于标量势能可以以固定的密度将膨胀的空间充满，因此即便是从一个微小的种子开始，随着空间的膨胀，也可以产生宇宙所有的能量。古斯将此称为"终极免费午餐"。这个理论听上去很吸引人，但是却很容易让人产生误解，因为在空间膨胀时能量并不是一个固定的常数。我们会在稍后的章节对此做进一步的讲解。爆胀理论似乎暗示我们可以"无中生有"，但是经过更仔细的研究我们就会发现任何事物都是有代价的。

如果宇宙开始于古斯所描述的状态，标量势能会导致宇宙尺度指数增长。相比初始状态，宇宙会瞬间膨胀到很大的尺度，并且它是均匀而各向同性的。当它达到毫米量级时，标量势能会衰变为辐射能和粒子，从而产生类此于我们之前提到的大爆炸开始时的光球。在古斯的理论中，标量势能就像是被引爆的可以自我复制的炸药，只要一丁点就可以导致热大爆炸。

爆胀模型的一个额外收获是为星系形成提供了合理的解释。由于量子理论中的海森堡的不确定性原理，标量势能会有随机的波动。这些宇宙中的涟漪会在宇宙成指数的膨胀过程中演化为大尺度的密度波动。爆胀理论的一个成功之处就在于它预见了不同尺度的密度波有近似的振幅。通过对爆胀模型的完善我们可以将宇宙密度变化精确到十万分之一。这一微小的变化足以促成星系的形成。

在我还年轻的时候，我对这些理论物理学家的自信十分惊叹，毕竟他们用来描述宇宙的公式与我们的现实经验相差太遥远。在那次会议中，理论物理学家们认为在宇宙爆胀过程中宇宙大小是成指数增长的，标量场和它的势能很有可能驱动宇宙的膨胀，真空中存在的量子扰动因宇宙膨胀而被拉长和放大，它们形成星系的种子。这些理论，甚至最激动人心的真空量子扰动理论在当时都没有直接的证据。当然，他们的自信来源于过往物理学家们利用数学概念和逻辑推理解释宇宙现象时取得的不计其数的成功案例。

当然这里最大的不同在于麦克斯韦、爱因斯坦及其后继者都深信自然界的规律是简单而有序的。在发展新的物理理论时，他们都相对保守，尽量减少甚至避免引入随机性。用爆胀理论解释宇宙的起源和演化存在很多问题。虽然与大统一理论的联系使得爆胀理论看上去大有希望，但是它所引入的用来分离不同粒子和力的希格斯场却无法使爆胀理论解释现实的宇宙。因为希格斯场会导致宇宙一直按指数不停地膨胀，或者导致爆胀过早地结束，形成一个弯曲而不均匀的宇宙。如果要是爆胀理论成立，必须要对模型的参数进行精确的限制，并对宇宙的初始状态做出苛刻的假设。我认为爆胀模型更像是人为制造的而非对自然本质的解释。

同时，理论物理学家对宇宙学的关注使得这个领域异常活跃起来。虽然爆胀模型是人为构建的，它的预言却为观测者提供了找寻的目标。在爆胀模型和其他将宇宙学与基础物理相联系的理论的推动下，以解决宇宙最基本问题为目的的观测项目在随后的 30 年内开始大规模地展开。

爱因斯坦的空间、时间、能量和引力的相互统一理论与麦克斯韦的电场、磁场和光的统一理论紧密呼应。这一统一理论的提出标志着现代宇宙学的开始。当爱因斯坦访问伦敦时，一位记者问他是否踩在了牛顿的肩膀上。爱因斯坦答道："这个说法不完全正确，我其实是踩在了麦克斯韦的肩上。"[8] 麦克斯韦的方程预言了整个电磁谱的辐射，从射电波和微波到 X 射线和伽马射线。与之相比，爱因斯坦的理论预言了更丰富的物理现象，它不但可以用于解释太阳系，还可以用于黑洞和引力波甚至是宇宙的膨胀和演化。爱因斯坦的发现使我们看到了一个崭新的充满活力的宇宙。但是他的理论的复杂性决定了我们不可能一下子就体会到它对物理学的深切影响。

麦克斯韦关于电场与磁场的统一理论的最重要贡献在于预言了绝对光速。这一预言导致的悖论是如此的严重和深远以至于物理学家们花费了几十年的时间试图解决它。这个悖论的关键点在于：光速是相对于什么参考系测量的？根据牛顿力学和日常生活中的直觉，如果你追逐一个正在远离你的物体，这个物体离你远去的速度就会减缓。如果你移动得足够快，你就可以赶上甚至超过它。绝对的速度是没有意义的。

任何一个论点都是有隐藏的假设的。这个假设隐藏得越深，就越需要更长的时间来发现它。牛顿假设时间是绝对的，所有的观测者的时钟都是同步的，不管他们如何运动，他们的时钟都是保持一致的。牛顿同时还假设了空间也是绝对的。不同的观测者可能处于空间中的不同位置，或在以不同的速度运动，但是他们观测到的物体的相对位置和距离总是一致的。

直到爱因斯坦认识到绝对空间和时间的假设看上去符合逻辑，其实是与麦克斯韦的光速理论不相容的。保证每个人都观测到同样光速的唯一方法是每个人的空间和时间是不同的。这并不表明时间和空间的测量可以是随意的。相反，不同观测者测量的时间和空间有明确的转换关系。

不同观测者测量的时间和空间的转换方式是由荷兰物理学家亨德里克·洛伦兹在麦克斯韦理论的基础上推算出来的，因此被称为"洛伦兹变换"。在构建相对论时，爱因斯坦为洛伦兹的发现赋予相对应的物理含义，利用这一变换，我们可以将在不同时间和不同位置的观测联系起来。比如时钟嘀嗒之间的时间间距和直尺的长度都取决于观测者。与一个静止的观测者相比，一个移动的观测者会发现时钟变慢了，与运动方向平行的尺子也变短了。这些现象被称为"时间膨胀"和"洛伦兹收缩"。当观测者以接近光速的速度运动时，这些现象会变得格外重要。

洛伦兹变换将时间和空间坐标结合在了一起。而在牛顿理论中，空间是由长度单位米来测量的，时间是由秒来测量的，这是两个完全不同的物理量，是不可能统一在一个坐标系里的。当我们引入了光速作为基本速度后，我们同时可以用秒或光秒来测量时间和空间。空间和时间的结合使得空间和时间的变换成为了可能。正是因为这种结合，时间和空间已经被认为是一个统一的整体而被称为"时空"。

1905 年，爱因斯坦除了发表了狭义相对论之外，他还发表了一篇令人惊叹的论文。这篇论文仅仅有 3 页长，不包括任何参考文献，而且还有一个听上去十分谦逊的标题："一个物体的惯性是否依赖于它所拥有的能量呢？"爱因斯坦的标志性公式 $E = mc^2$ 正是出现在了这篇论文里。

爱因斯坦的公式将能量、质量和光速联系在一起。但是在他以前，这三个物理量被认为是完全相互独立的。

能量在那个年代是这三个物理量中最抽象的一个。因为能量是无形的，我们无法找到一个事物就指着它说："这就是能量。"我们只能说某个物体拥有能量。无论如何，能量的概念还是强大的，因为在通常情况下（不考虑空间膨胀时），能量可以从一种形态转化为另一种形态，但是它既不会无中生有，也不会消失。专业术语称之为能量守恒。

质量的概念最初出现在牛顿的力学和运动学中作为标示物体惯性的物理量，换句话说，物体加速所需要的推动力是多少。牛顿第二定律给出了物体要达到一定加速度所需要的力是质量与加速度的乘积。

为什么能量等于质量乘以光速的平方呢？爱因斯坦的论点非常简单。光带有能量。原子或分子可以吸收或释放能量。爱因斯坦就是通过分析两个观测者在原子发射过程中所看到的不同现象而得到他的著名公式的。

第一个静止的观测者看到一个原子辐射出电磁波。根据能量守恒原理，这个原子在辐射前一定比辐射后的能量多。现在我们再来看看第二个观测者，他正在相对于第一个观测者运动。他会看到原子在电磁辐射前后都是在运动的，也就是说，这个原子具有一定的动能。因为第二个观测者是在运动，与第一个观测者相比，他观测到的电磁辐射也会更强一些。这些额外的能量可以依据麦克斯韦理论通过洛伦兹变换来计算。

对于不同的观测者，爱因斯坦写下了能量守恒的方程：电磁辐射前后原子的能量必须相等。从这两个等式我们可以得出，第二个观测者观测到的辐射后原子的动能必须是辐射前原子动能与第二观测者相对第一观测者所看到的额外辐射能的和。这个公式把辐射能和原子辐射前后的质量联系在了一起，辐射前后原子质量的变化等于发射能除以光速的平方。如果在辐射过程中原子失去了所有质量，那么产生的辐射能就是原子的原始质量与光速平方的乘积。

　　爱因斯坦这样解释他的理论："经典物理引入了物质和能量的概念。物质是有质量的，而能量没有质量。在经典物理中我们有两个守恒原理：一个是质量守恒，一个是能量守恒。我们已经开始考虑现代物理是否要延续经典物理对物质和能量的认识。答案是：否。根据相对论原理，质量和能量之间没有本质的区别。能量拥有质量，质量是能量的表征。同时，我们也不再需要两个守恒原理，而是有一个质量 – 能量守恒原理来替代。"[9] $E=mc^2$ 统一了质量和能量，它告诉我们质量和能量是同一事物的两个不同方面。

　　爱因斯坦的这个简单却又神奇的公式让我们认识到我们其实是被巨大的能量所包围的。比如，加入咖啡的 1 包方糖，它的质能就相当于 10 万吨 TNT 炸药，足够炸平整个纽约。他的发现也预示着核物理的发展，最终导致了核弹和核能的研制。

　　在牛顿的理论中，速度是没有限制的。但是在爱因斯坦的理论中，任何物体都不可能超越光速。这是由于如果物体可以超光速运行，根据洛伦兹变换，有些观测者就会看到时间的倒转。进而产生各种各样的因果悖论。

　　在完善相对论的过程中，爱因斯坦面临的一个问题是引力是否能够比光速传播得更快。这个问题在他之前半个世纪的迈克尔·法拉第也曾经提出过。按照牛顿理论，万有引力是即时产生的，也就是说即便两个物体各自位于宇宙的两端，它们也能够即刻感受到对方的引力。让我们看一个实际的例子，地球的海水潮汐是由于月球的引力造成的。当月球围绕地球公转时，海水也会随着运动。按照牛顿理论，月球的引力瞬时就可以感受到。但是月光是需要大约 1 秒钟的时间从月球到达地球的。法拉第和爱因斯坦都认为引力的影响不应该比光传播得更快。

　　在构建相对论的引力理论时，爱因斯坦的一个重要线索来源于伽利略的对自由落体的观察：不管物体的质量大小，在自由落体过程中，它们都以相同的方式下落。一个处于自由落体状态的物体感受不到自身的重力作用，就比如宇航员在太空中的失重现象，他是随着他的太空仓一起下落的。自由落体的现象使得爱因斯坦意识到引力不是物体自身的性质，而是和时空相关的性质。

那么到底什么是引力呢？在爱因斯坦的理论中由物体质量造成的时空弯曲替代了引力的概念。以地球为例，地球和其周围被扭曲的时空就像是一个放在蹦床中间的保龄球和这个蹦床。现在我们沿着蹦床的表面将一个弹球滚向中心，由于蹦床的表面是弯曲的，这个弹球最终会环中间的保龄球绕转，就像月亮绕着地球运转一样。就像物理学家约翰·惠勒指出的："质量决定了时空的弯曲，而时空弯曲又决定了物体是如何运动的。"[10]

经过 10 年的努力，爱因斯坦终于在 1916 年发表了后来以他的名字命名的著名公式。这个公式表明时空的弯曲是由它内部的质量决定的。爱因斯坦采用了德国数学家波恩哈德·黎曼在 1850 年发明的对弯曲空间的数学表述方式。在黎曼之前，人们一直认为球面等曲面需要更多的维度来描述。黎曼阐释了如何在曲面内定义几何的基本概念直线和角，就不需要借助曲面外部的参量。黎曼对于曲面描述方式的重要性就在于不需要引入任何其他假设，只需采用黎曼的方法就使得弯曲宇宙的设想成为可能。

爱因斯坦称他的新理论为"广义相对论"。从某种角度讲，他的观点与古希腊对宇宙的认识十分相似：宇宙是一个与人类生命息息相关、不断变化的整体，时间、空间和物质在其中保持着微妙的平衡。爱因斯坦改变了我们对宇宙的认识。在我小时候，我想象的宇宙像是一个亘古不变的舞台，现在它更像是一个永远变化的竞技场，不但可以弯曲，还可以膨胀。

为了爱因斯坦到访伦敦，当时著名的剧组家乔治·伯纳德·萧讲了一个关于一位年轻的教授（阿尔伯特·爱因斯坦）是如何废除了牛顿理论所描述的世界的幽默小故事。在故事中当人们知道牛顿力学不再成立的时候，都纷纷跑去询问教授："如果没有了引力，那些天空中运行的物体为什么不会沿着直线从天空落下来呢？"萧继续讲道："教授回答道：'它们为什么要按直线运动呢？世界不是由不列颠似的直线构成的，而是由曲线构成的。天上的物体也是沿曲线运动的，这对它们来说是再自然不过了。'于是，整个牛顿宇宙土崩瓦解，取而代之的是爱因斯坦宇宙。"[11]

　　早期，马克思·波恩曾经这样描述爱因斯坦的广义相对论："无论先前还是现在，我都认为广义相对论是人类在探索自然的历史上最伟大的成就。它是哲学上的洞察力、物理学上的直觉力和数学上的熟练技巧的完美结合。但是它和实践的结合会是微弱的。它对于我更像是一部只可远观的艺术精品。"[12] 如今，波恩关于广义相对论缺乏实践意义的论点已经不再成立。爱因斯坦的年轻继任者们已经成功地将广义相对论转化为宇宙学研究中最重要的推动力。对于观测到的宇宙的解析，不论是使用哈勃望远镜或巨大的射电望远镜，还是采用 x 射线或微波辐射的探测卫星，广义相对论都是不可或缺的。

　　广义相对论不是一个简单的课题。我在读本科时，就试图自学广义相对论。我找到了一本名为《引力》的重达 2.5 千克的著名教科书。我不得不承认，那是个唐吉珂德式的举动，虽然广义相对论的概念很简单，但是它所用到的公式却是相当地困难。经过 6 个月的徒劳尝试，我去选修了一门关于广义相对论的课，这下子一切都变得容易起来。其实这也很好理解，物理学就像其他很多事情一样，最好的学习方法是通过人与人的交流。当你看到别人可以做成这件事时，它看上去也就不再那么难了。

· · · · · ·

　　广义相对论的发现以及它的关于时空不是平直的观念带来了这样的问题：宇宙在大尺度上到底是如何的？它所包含的质量和能量又是如何影响其自身演化的呢？当爱因斯坦开始思考关于宇宙学的问题时，他最初的想法和其他人的是一样的。他也假设宇宙是永恒不变的。但是这就造成了一个悖论：如果物体相互吸引，一个静态的宇宙就会在它自身的重力下而塌缩。为了消除这个悖论，爱因斯坦引入了"宇宙学常数"的概念。这个"常数"的主要性质是它在时空任一点都是相同的，对任何观测者也都是一样的。理解"宇宙学常数"最好的方式是把它想象成一种可以不停拉伸的材质，并且像个巨大的海绵一样填满了空间的每个角落。它具有一种"应力"或是负压力，并且会像橡皮筋一样在被拉伸时储存能量。不论你如何拉伸它，它都不会变化。

初看起来，负压力非但不能阻止宇宙的塌缩，它反而会将物质吸向中心，导致塌缩。但是，正如我们前面提到的，宇宙膨胀不同于一般的物理现象。它并不是一般意义上的爆炸，而是空间的膨胀。在爱因斯坦的公式中，负压力的作用和我们想象的正好相反。引力也恰恰是相斥的，从而导致了宇宙的体积不断变大。（这个引力相斥导致的现象与古斯的爆膨理论是一致的。）

通过平衡普通物质的引力和与"宇宙学常数"相关的相斥引力，爱因斯坦构建了一个静态的宇宙。但是他的模型是失败的。英国天体物理学家亚瑟·爱丁顿指出爱因斯坦宇宙中的"平衡"是不稳定的。如果宇宙的体积稍微缩小，普通物质的密度就会升高，它们的相互引力也会提高，从而导致宇宙的塌缩。如果宇宙的体积稍加扩大，普通物质的密度会降低，与"宇宙学常数"相关的相斥作用就会持续增加，导致宇宙爆炸。

爱因斯坦没有意识到的是他的理论描述的是一个膨胀的宇宙。得出这一结论的是另外两位经历不凡的人。

第一位是一位才能卓越的俄罗斯数学物理学家亚历山大·弗里德曼。弗里德曼在第一次世界大战中是一位飞行员。由于战争和俄国革命，爱因斯坦的广义相对论理论直到 1920 年才传到弗里德曼工作的圣彼得堡。但是，不出两年的时间，弗里德曼就发表了一篇远远超越了爱因斯坦理论的论文。如爱因斯坦一样，弗里德曼也假设宇宙包含着一般的物质和分布均匀各向同性的宇宙学常数。不同于爱因斯坦的是，他并没有假设宇宙是静止的，而是允许宇宙的大小根据爱因斯坦的公式变化。

弗里德曼的发现表明爱因斯坦的静止宇宙是个特殊的例子。从爱因斯坦公式中得到的数学解为：要么是膨胀的宇宙，要么是塌缩的宇宙。爱因斯坦马上回应了弗里德曼的结果，认为他一定是在数学推导中犯了错误。几个月后，爱因斯坦承认了弗里德曼的数学解是正确的，但是他始终认为弗里德曼得到的是一些数学上的特殊解，不能用于实际的宇宙。大家要记得的是，在这些讨论进行的时候，观测的知识还非常少。天文学家还在讨论我们的银河系是否是宇宙中唯一的星系，以及那些在夜空中看起来像补钉一般的"星云"是否是更遥远的星系。

爱因斯坦不喜欢弗里德曼的宇宙演化结论的原因是因为它们都存在奇点。如果我们沿时间往回追述，不论是一个膨胀宇宙，还是一个塌缩的宇宙，在某个时刻它的空间都会收缩到一点。这时它的物质密度达到无限大，所有的物理定律在这里都会失效。我们将这一点称为"宇宙学奇点"。

弗里德曼则更感兴趣穿过了这个奇点会如何。在一些模型中，他发现宇宙会经过一个先膨胀后收缩的循环。仅从数学模型的角度出发，弗里德曼得出宇宙在演化中可以经过奇点进入下一个膨胀和塌缩的循环。这是一个非常具有前瞻性的想法，我们在后面的章节里会做进一步的讨论。

弗里德曼对宇宙膨胀的数学描述提供了现代宇宙学的基石。他的理论的很多预言都在细节上得到了观测的证实。但是弗里德曼自己并没有见证他的理论被证实。在 1925 年的夏天，他打破了气球升空的最高纪录，飞到了比俄罗斯境内最高的山还要高的 7400 米高空。但是不久后，他便患上了伤寒，病逝在医院。

两年后，在对弗里德曼的工作完全不知情的境况下，一位比利时的犹太牧师乔治·勒梅特也在考虑一个演化的宇宙。勒梅特加入一个新的元素——辐射。他发现辐射可以减慢宇宙的膨胀。他同时发现膨胀会使电磁波的波长被拉长，使得从遥远的恒星和星系发出的光到达我们时变红。当时美国天文学家埃德温·哈勃已经发表了有关遥远星系被红化的数据。勒梅特认为，哈勃的数据表明宇宙一定是在膨胀的。他沿着时间向后追寻了几百亿年，发现宇宙的大小趋近于零。这表明宇宙一定开始于一个奇点。

　　同上一次一样，爱因斯坦也否定了勒梅特的结论。那一年的晚些时候他和勒梅特在布鲁塞尔会面时，爱因斯坦对勒梅特说："你的计算是正确的，但是你对物理概念的理解实在是糟透了。"[13] 但是爱因斯坦不得不再次收回他的观点。因为在 1929 年哈勃的观测证明了红化效应，他的结果很快被用于证明勒梅特的预言是正确的。但是很多物理学家仍旧排斥宇宙膨胀的理论，就如同爱丁顿说的那样，世界有一个起点的观点是非常"令人厌恶的"。[14]

　　勒梅特继续他的研究以试图用某种量子现象来代替时空"开始时"的奇点。他的想法是利用量子理论来避免宇宙起始时的奇点，就如同玻尔利用量子轨道的概念来避免电子掉入原子核一样。在 1931 年发表在《自然》的一篇论文中，勒梅特指出："如果宇宙开始于一个单一的粒子，那么这时的时间和空间就都没有任何意义。只有当一个粒子分裂成一定数量的粒子后，时间和空间才开始具有意义。如果这个假设是正确的，那么宇宙就比时间和空间早一点点诞生。"[15] 勒梅特称自己的假说为"太古的原子"。我们在后面会看到，他的假说预见了 1980 年的一些想法。

　　1933 年春，爱因斯坦和勒梅特有一次非常愉快的会面。当时他们都在加利福尼亚参加一个学术系列报告会。据《纽约时报》的文章报道，[16] 在勒梅特报告结束时，爱因斯坦起立为他鼓掌，"这是我听到的关于宇宙起源的最美丽也最令人信服的解释。"他们一起合影留念，照片的标题是"爱因斯坦和勒梅特——他们对彼此都充满了深厚的钦佩和敬意"。

多样性促进科学的巨大进步，如果谁还对此抱有怀疑不妨借鉴一下爱因斯坦和一个俄国飞行员以及而后与一个比利时牧师的故事。他们的会面一定不同寻常，因为它们为我们对宇宙的理解奠定了基础。

第二次世界大战后不久，乔治·伽莫夫引入了核物理使得宇宙学又前进了一大步。乔治·伽莫夫曾是弗里德曼在圣彼得堡时的学生。他的朋友们都叫他"乔"。乔是个俄狄浦斯似的人物，他的一生充满传奇色彩，喜欢讲笑话和恶作剧，还嗜酒如命。作为一个科学家，他的优势在于他具有大胆的和超乎寻常的洞察力，他只在乎理论要点而从不在乎细枝末节。他经常鼓励他人去研究那些有意思的课题，特别是如何运用核物理。1938 年，他与氢弹之父爱德华·泰勒组织了一场名为"恒星能源问题"的学术会议。他们请来了物理学家和天文学家一起探讨核反应是如何为太阳和其他恒星提供能源的。这次历史性的会议开创了现代恒星天文学的研究，使之成为现代科学最成功的学科之一。

伽莫夫是俄国革命后的第一位国际交换生，他先后跟随在丹麦哥本哈根的玻尔和在英国剑桥的卢瑟福学习。虽然有很多的遗憾，但他最后还是选择了留在西方社会。而后他成为了位于美国首都华盛顿特区附近的乔治·华盛顿大学的教授，却由于他的俄国背景而无法参加原子弹的研制。但是作为美国海军军械部的顾问，他经常为在普林斯顿的爱因斯坦递送文件。据说他们只在早上研究文件，而利用下午来讨论宇宙学。[17]

伽莫夫是一位核物理专家。在 1928 年，他提出居里观测到的大质量原子核的辐射延迟是由于亚原子粒子通过量子隧道逃离原子核造成的。在伽莫夫思考宇宙学时，他满怀信心，他要解释自然界中从氢原子到整个元素周期表中所有元素的丰度是如何形成的。

他的想法非常简洁：如果初期的宇宙温度非常高，它就好比一个巨大的压力锅。在很高的温度下，空间只能被电子、质子和中子这些最简单的粒子的等离子体所充斥。因为在如此的高温环境，这些粒子都会在空间高速地无序运动，它们是不可能结合在一起生成更复杂的粒子的。由于宇宙的膨胀，它的温度会逐渐降低，中子和质子也就会相互结合产生各种原子核。

他的学生拉尔夫·阿尔夫和另一位年轻的学者罗伯特·赫尔曼将费里德曼与勒梅特的公式和核物理相结合推导出了宇宙现今的元素丰度。他们的方法已经被广泛地用于解释氢、氢同位素以及氦和锂的丰度。但是碳、氮和氧这些重元素是在恒星演化和超新星爆发过程中形成的，它们的丰度无法用阿尔夫和赫尔曼的方法解释。这一缺陷使得他们的方法没有得到应得的重视。

隐藏在伽莫夫、阿尔夫和赫尔曼的论文中的是一个非常令人兴奋的预言：宇宙初期充斥空间的热辐射不会完全消失。在奇点之后的1秒，当第一个原子核开始形成时，辐射的温度将高达上亿度。随着宇宙的膨胀，辐射温度逐渐降低，直到今天就只有几度了。

阿尔夫、伽莫夫和赫尔曼意识到今天的宇宙将布满了这种辐射的遗迹，这就是我们常说的宇宙微波背景辐射。它的能量密度的总和远远大于宇宙中所有恒星辐射能量的总和。它的能谱与热物体辐射谱完全一样，这正是1900年普朗克提出光量子化理论时所描述的光谱。

· · · · · ·

直到那时，热大爆炸仍停留在理论阶段。但是，这个状态很快就改变了。1964年，在美国新泽西州霍姆德尔镇工作的阿诺·彭齐亚斯和罗伯特·威尔逊偶然发现了宇宙的微波背景辐射。他们所使用的这台巨大而又超级灵敏的射电天线是新泽西AT&T研究实验室贝尔实验室用来接收代号为"回声一号"的空中巨大金属气球所发射的射电信号的，它的实验目的是开发继战时的雷达技术之后的又一全球通讯技术。

继"回声一号"之后，第一颗全球通讯卫星"电星一号"研制成功。1962 年，这个重达 170 磅（约 77.11 千克），看上去有点像星球大战中的 R2-D2 的卫星被一颗改造后的火箭发射升空。成百万的观众首次观看了洲际的电视转播。英国的一个名为"龙卷风"的乐队甚至在它的启发下写了一首名为"电星一号"的歌。这首歌以射电信号嘶嘶和断裂的声音开始，而后电流的哔吡声被充满快乐的电子合声旋律所替代。即使在现在听起来，它也有一种未来派的味道。这首歌一发行就登上了排行榜，还成为了第一首登上美国歌曲排行榜榜首的英国歌曲，其磁带和光盘在全球的销量累计达 500 万盒。有些许讽刺意味的是，"电星一号"的发射器过于脆弱，很快就被高空大气层中的辐射捣毁了。据美国空间物体注册中心的资料显示，它的残骸至今仍在轨道上运行着。[18]

"电星一号"转变了电视对世界的影响。当美国航空航天局（NASA）计划在 1969 年登月时，一组用于全球通讯网络的卫星被发送到了地球同步轨道上。巧的是，才建成的通讯网络刚好赶上为全球直播了"阿波罗 11 号"宇航员踏上月球的时刻。[19]

"电星一号"研制成功后，"回声一号"的射电信号不再需要巨大的地面射电天线来接收。彭齐亚斯和威尔逊在加入贝尔实验室前都获得了天文学的博士学位，他们抓住时机，将射电天线改为射电望远镜。当他们开始收集数据时，他们发现无论射电天线指向空中的哪个方向，都会听到在射电波段嘶嘶的声音。他们想尽了办法都无法去除这个噪音。一个广为流传的说法是，他们甚至刮掉了天线上的鸽子粪，可仍旧于事无补。

最后彭齐亚斯和威尔逊注意到了年轻理论物理学家詹姆斯·皮布尔斯的一次讲座。皮布尔斯当时正在普林斯顿与罗伯特·迪克一起工作，他们预言的宇宙辐射正好可以解释射电天线接收到的嘶嘶的噪音。在对阿尔夫、伽莫夫和赫尔曼之前的工作毫不知情的情况下，皮布尔斯和迪克推导出了相类似的结论。他们的结论表明宇宙背景辐射的温度是几开尔文，相对的波长是位于微波波段的毫米波辐射。迪克和皮布尔斯正在筹划寻找宇宙背景辐射的观测时接到了彭齐亚斯和威尔逊的电话。一放下电话,迪克就对他的年轻合作者说:"我们被抢了先了。"确实彭齐亚斯和威尔逊的发现一经公布就像是在物理界炸了一个雷,几乎所有的物理学家都马上相信了宇宙热爆炸起源说。

1989 年,美国航空航天局(NASA)发射了宇宙背景辐射探测器(COBE),这是一颗专门用于观测宇宙背景辐射的探测器,它对宇宙背景辐射的观测精度远远优于以前。那时我是普林斯顿的一名教授,近 10 年来我正致力于用宇宙学观测来检验统一模型。用整个宇宙作为一个超大实验室来研究超高能量下的物理性质是非常令人兴奋的学科,因为宇宙所提供的环境是不可能人为制造的。但是我也一直有两个担心,一是很多理论有过多的人为策划的痕迹,再有就是当时的数据仍十分有限,无法确认哪个理论是正确的。

而后我参加了一个最令我兴奋的研讨会。会议设在了普林斯顿物理系的地下室,主旨是公布了 COBE 卫星的第一批数据。会议的报告人是我在物理系的同事大卫·威尔金森。大卫原是鲍勃·迪克课题组的成员,参与了关于宇宙背景辐射的研究。当初他们的研究成果被彭齐亚斯和威尔逊抢了先。由于参与了 COBE 的研究,他积累了有关背景辐射的精细观测,现在他已经是观测宇宙学的先锋。COBE 是观测宇宙学的转折点,之前的观测精度是观测值的数倍。但是在 COBE 之后,观测精度不断提高。每当一种宇宙学的理论在百分数量级上与观测数据不同时就会被淘汰。

COBE 上面的一个重要设备是远红外绝对分光光度计(FIRAS),用来观测背景辐射的光谱。热大爆炸理论认为,背景辐射的光谱与普朗克当初提出的用光量子化来描述的物体热辐射的普朗克函数完全一致。宇宙膨胀开始 40 万年后,温度降低到几千开尔文,充满宇宙的高温等离子产生了我们现在观测到的背景辐射。起初的辐射位于可见光的红光。随着宇宙的膨胀，辐射波长被拉长了几千倍，现在的辐射则主要在毫米波段。相当于一个温度只有几开尔文的物体的热辐射。实际上，FIRAS 就是通过将绝对黑体辐射源的温度调到与天空的温度一致来定标的。

当威尔金森展示观测的光谱时，他说："这是一张会使诸位激动得热泪盈眶的图。"在座的听众都发出了惊叹。这些数据完美得令人难以置信。仅仅10分钟的累计观测，背景辐射的光谱就已经是一个完美的普朗克光谱了。当 FIRAS 完成了它的全部观测，每一个频率的辐射都已经记录在案后，观测到的辐射强度与普朗克光谱之间的误差小于十万分之一，测量的星空的温度是 2.725 开尔文。这些观测数据为我们的宇宙充满热爆炸后的辐射遗迹的理论提供了最可信的证据。

我当时的想法是"哇，似乎整个宇宙的每个部分都在向我们展示量子力学的重要性。"

COBE 的贡献远不止于此。它的观测表明量子力学不但决定了宇宙的辐射，它还控制着宇宙的结构。

在彭齐亚斯和威尔逊观测到背景辐射之后，皮布尔斯等天体物理学家们开始研究早期宇宙的微小密度变化是如何最终形成星系和其他结构的。爱因斯坦的公式预言了这些密度变化是如何随时间演化的。密度高的地方膨胀缓慢些，它的自身引力会将更多的物质拽进来，相反密度低的地方膨胀快些，最终出现一些物质被排空的空洞。因此引力决定了宇宙中的行星、恒星、星系和星系图等结构分布。利用爱因斯坦的公式，从宇宙现在的结构分布，我们可以追溯宇宙早期的结构是什么样子的。也就是说，我们可以用爱因斯坦的公式来追踪宇宙的演化。我们可以验算出密度的变化所对应的背景辐射温度的变化。

COBE 的另一个实验仪器是微差微波辐射计（DMR）。它的任务是扫描背景辐射的温度的微小变化。它的首席研究员是加州伯克利分校的乔治·斯穆特。就像威尔金森一样，斯穆特在他的整个研究生涯中一直是观测宇宙学的领路先锋。

我第一次遇到斯穆特是 1991 年在意大利的暑期学校。所有人都想知道 COBE 的 DMR 是否探测到了背景辐射的温度变化（见图 8）。斯穆特的讲座中展示了一个完全均匀的温度图。但是私下里他给我看了宇宙温度的真实数据图。图上有一些像是奶牛花纹似的斑点。斯穆特那时还对这些斑点持怀疑态度，认为这些可能是观测中的人为影像。他对于理论不是很信任，因为自从 1960 年以来，理论物理学家估算的温度变化值就在不断下降，从最初的千分之一，到万分之一，再到十万分之一，这使得像斯穆特这样的观测宇宙学家很难用观测来证明这些理论的正确与否。

但是理论物理学家降低辐射温度变化的理论值是有据可循的，其中主要的原因是不断增加的暗物质存在的证据（见图 9）。1930 年，最先提出暗物质有可能存在的是瑞士天文学家弗里茨·兹维基，当初他观测到星系团中一些星系绕转其他星系，依照它们的高速度所推算出的物质质量要比那些可观测到的恒星的总质量大得多。在 20 世纪七十年代，美国天文学家薇拉·鲁宾在星系的边缘也发现了相类似的现象。那里的恒星绕转速度非常高，如果没有额外的物质限制，它们早就飞出星系了。

暗物质很有可能是由我们不知道的粒子构成的，它们不与光或普通粒子发生作用。唯一可以探测这些粒子存在与否是通过它们的引力。在 20 世纪八十年代，天文学家利用观测光在引力场中的弯曲找到了更多暗物质存在的证据。这种现象被称为"引力透镜效应"。它的原理和光穿过水时的现象非常相似。虽然水是完全透明的，但是我们也知道它的存在，这是因为穿过它的光线会弯曲，它后面的图像也会扭曲。如果在浴室中举起手，观察沿着手指尖滚落的一滴滴水珠，你就会透过每一颗水珠看到一个扭曲变形的浴室。天文学家也观测到了在星系团后面扭曲的星系图像。通过研究光线是如何弯曲的，他们可以推断出星系团中暗物质是如何分布的。

在宇宙演化的过程中，暗物质是非常重要的，它为星系的形成提供了额外的引力。从很多方面上看，暗物质就像是宇宙中的骨架，将宇宙中的普通物质都束缚在它的周围。由于有暗物质引力的存在，形成星系所需要的早期宇宙等离子体密度的不均匀程度就只需要十万分之一左右。当然如果等离子体密度的不均匀程度小于这个数值，星系也是很难形成的。所以COBE 的观测精度已经很接近要形成现在的宇宙所需要的密度变化的最小值。

幸运的是，斯穆特给我看的那些斑块是真实的。在整个宇宙中温度确实是不均匀的，温度的差异是十万分之一。1982 年我在剑桥大学参加的学习班上听到的宇宙爆膨理论在 10 年后与 DMR 公布的观测的数据完全一致。据说斯蒂芬·霍金称 DMR 的发现是 20 世纪乃至是有史以来最伟大的发现。虽然霍金有些夸大其词，但是 COBE 的发现还是非常值得我们兴奋的。

随着对宇宙观测的精度和广度的不断提高，将整个可视宇宙想象为一个大实验室已经成为可能。大爆炸是超级高能试验，我们以及我们周围的一切都是这个试验的结果。初期宇宙为我们研究最微小空间和最高能量下的物理学提供了场所，同样地，现如今的宇宙则使研究最大空间与最低能量下的物理学成为可能。在对宇宙的探寻中，宇宙学在 20 世纪的物理学中又做出了一项重大的发现，我们现在还在努力理解这一发现对我们都会有哪些影响。

我已经在前面提到了爱因斯坦早期的宇宙模型，以及他引入的宇宙学常数。这个模型是失败的，但是引入宇宙学常数却是个好办法。实际上，勒梅特坚持认为爱因斯坦关于宇宙学常数的理论是有道理的，他认为宇宙学常数应该是一种存在于宇宙中虽特殊但性质简单的物质。后来我们知道宇宙学常数其实对应的是单位体积真空中的能量，我们现在称其为"真空能量"。它是最简单的一种能量形式，在空间分布是均匀不变的，它的性质也不随观测者的改变而改变。[20]

真空能量对任何与引力无关的物理现象都毫无影响。它就像是永远不变的背景一样，唯一探测它的方式是通过引力，而且最好的方式是观测尽可能大的空间。当然我们所能使用的最大空间就是可视宇宙。通过观测宇宙膨胀的历史，我们就可以直接测量出与真空能量相对应的引力。

1998 年，两个国际合作项目组成立了。一个是高红移超新星搜寻组，另一个是超新星宇宙学组。它们由澳大利亚国立大学的布莱恩·施密特、约翰·霍普金斯大学的亚当·里斯和加州伯克利分校的索尔·帕尔马特主持。超新星是恒星死亡前的最后爆发，它的亮度极高，甚至在遥远的星系中也可以观测到。他们通过测量超新星的表面亮度和退行速度得出了宇宙正在加速膨胀，并且计算出真空能量是正值。由于他们的发现，施密特、里斯和帕尔马特共同获得了 2011 年的诺贝尔物理学奖。一篇在诺贝尔奖网站的文章这样描述真空能量的排斥效应："就好像是你向空中投出一个球，它却加速离你而去直到消失得无影无踪。"

正是真空能量的发现，使我们离揭开宇宙起源的真相又近了一步。在今天的宇宙中，73% 的能量来源于真空能量，22% 来自暗物质，像原子和分子这样的普通物质只占总能量的 5%。暗物质、普通物质以及宇宙初期的辐射所存在的十万分之一的相对变化为现在星系的产生提供了种子。在最近的 10 年间，这个"和谐一致模型"得到了观测一次又一次的证实。从目前看来，它还没有出现问题。

到目前为止，我们还不知道该如何利用暗物质或真空能量。但是也许有一天我们可以将它们作为星际旅游的燃料，这个想法还是很吸引人的。其实从狭义相对论的角度来看，星际旅游并没有一开始看上去那么难，因为洛伦兹长度收缩使得星际旅行者可以在相对更短的时间通过一段距离。

想象一艘宇宙飞船在逃离地球后仍旧以相当于地球重力加速度的加速度前进。飞船上的乘客将会感觉很舒适，因为他们不会感受到这种非自然的重力加速度与在地球上的重力加速度的不同。旅行一年后，这艘飞船的速度将接近光速，而且随着时间的推移会愈来愈接近光速。当它在宇宙中穿越时，因为长度收缩得现象，在沿着飞船飞行的方向，宇宙被压缩得越来越厉害。这些星际旅行者只需要 23 年的时间就可以跨越整个可视宇宙。当然如果他们想走下飞船来探索一下的话，他们需要再花 23 年的时间将飞船的速度降到零。由于时间膨胀的原因，对于我们地球来说他们已经离开几亿年了。

虽然现在看来，星际旅游还很遥远，但是回想现代科学的进化史，星际旅游也许并不像我们想的那样遥不可及。

. . . . . .

我在这里描述的宇宙学模型是非常成功的。它得到了各种观测数据的验证，并且已经成为进一步研究星系、恒星和行星的形成的基础。我们已经描画出了宇宙的科学模型，为什么理论学家还是不满意呢？

问题在于，现在的宇宙爆膨理论并不比 1982 年刚提出时更完美。它没有解释宇宙爆膨之前是怎样的，宇宙是如何从宇宙学的奇点开始的。它只是假设宇宙就是充满了爆膨的能量。我们对大统一模型了解得越多，宇宙爆膨的模型就越像是被精心策划过的。要想符合观测数据结果，除了要假设宇宙开始于爆膨外，模型中的参数还必须非常的小。我们现在有上千个爆膨模型，它们都需要事先做出这样或那样的特殊的假设，而且很多模型之间根本无法通过观测数据来区分。

爆膨开始时，在很小的空间区域中爆膨的能量密度是非常高的。爆膨能量会不断衰减以致最后转化为物质和辐射能。但是，在任何一个模型中，最后总要有少量的真空能量遗留下来用来解释我们现在所观测到的宇宙。对一个爆膨模型，我们会问"那么在爆膨开始时的爆膨能量密度和现在宇宙中观测到的真空能量的比是多少呢？"这个数值肯定要出现在模型的描述中，它肯定是非常巨大的，比如 10 的 100 次方那么大。在所有已知的模型中，这个比值都被假设为一个巨大的数字，虽然个中的原因我们还不知道。

决定如此高精度的参数，对每个爆膨理论都是一个挑战。爆膨理论的产生是为了解释在热大爆炸时那个均匀的且具有恰到好处的参数的光球。现在我们发现爆膨理论建立在一个奇怪的人为的初始条件下，在没有任何明显的原因下爆膨能量就被赋予一个很高的值。

你可以把爆膨能量想象成是一根压得很紧的弹簧，就如同玩打弹弓游戏那样。如果想让弹子跑得快，就必须将弹簧压到最低。这就和爆膨一样，我们需要将巨大的爆膨密度限制在一个很小的空间内。但是有多大的可能，你能遇到一个自动的发射弹子的弹簧呢？另一个更为不可能的情况是弹簧的随机变化以及周围分子的碰撞共同将弹子弹出。可见爆膨时的初始条件还是更重要的。

爆膨开始确实不需要很多的能量，古斯也基于此提出了他的"免费午餐"论点。但是能量并不是一个描述爆膨这个极端过程的理想参数，因为在爆膨中能量不是守恒的。有一个已知的方法来测量爆膨初始条件存在的可能性的，就是"引力熵"。粗略的讲，这个参数表明了在宇宙中找到一小片符合爆膨条件的区域是如何的困难。结论是 10 的 10 次方的 120 次方分之一。很显然能满足爆膨初始条件的几率是非常微小的，这就表明爆膨假说存在着严重的问题。

至今为止对爆膨初始状态做出最严肃的研究是詹姆斯·哈特尔和斯蒂芬·霍金。他们的工作基于俄国宇宙学家亚历山大·维林金的早期工作。他们发现爆膨能量的排斥性有可能使宇宙避开奇点。首先他们考虑一个空间是三维球面的弯曲宇宙，当这个宇宙中充满了爆膨能量时，它在某个时间点是处于平衡状态的。如果从这个平衡状态开始时间向前延伸，宇宙的大小会以级数增长。类似地，当从这个平衡状态开始时间反方向延伸时，宇宙的大小也会以级数增长。如果我们观测的时间点在平衡点之前很久，我们就会看到宇宙先是变小，然后突然从收缩一下变成了膨胀。

这个现象就像是弹跳的球一样。让我们来看一个记录球弹起的慢镜头短片。就在球要弹起时，它与地面接触的地方被压扁了一些，随着时间的推移，球会一点点地把自己推离地面，直到又成为了球形。现在我们从球就要弹起时开始倒放短片。我们看到的球弹起前经历的过程和它弹起时的过程是完全一样的。虽然时间逆转了，但物理定律并没有改变。无论是时间向前还是后退，球所经历的物理过程都是一样的。当然如果我们从球撞击地面之前开始播放短片，我们就会看到一个完好的球下落到地面，它与地面的接触点会一点点被压扁，然后它开始一点点脱离地面，直到以一个完好的球弹离地面。

哈特尔和霍金像维林金一样引入虚数时间。我曾在上一章的结尾讲过虚数时间这个强大的数学工具。霍金曾经把虚数时间引入到黑洞的研究，他得出了黑洞温度极低并且会辐射所谓的"霍金辐射"的结论。现在他和哈特尔试图将虚数时间运用到宇宙的开始。如果我们沿着时间回到那个"跳跃点"时，我们可以把时间替换为虚数时间，从而将时间调了个方向。采用四维时空的宇宙就不会有奇点了。哈特尔和霍金将他们的理论称为"无边境"，因为最初的宇宙是一个类似于球面的封闭四维表面。他们的理论在很大程度上让人想起了勒梅特的"太古的原子"的理论。

1996 年，我来到剑桥大学和霍金一起工作。连同我们的几位博士生一起，我们研究哈特尔－霍金理论在爆膨理论中会有什么样的预测。我们的研究表明，在虚数时间范围内的宇宙可以用一个变形的四维球面来描述。这个变形的四维球面被称为是"霍金－图罗克瞬子解"。实际上，我们可以先将所有宇宙的可观测特性在虚数时间范围的宇宙中求解出来，再将它们一直推算直至经过"跳跃点"进入膨胀的正常时空，而这里最终决定什么是可以被观测到的。

哈特尔－霍金理论的优点在于它不需要在物理定律上加入额外的初始

条件，相反，物理定律自身决定了它自身的量子起始点。根据哈特尔－霍金的理论，宇宙可以从任何爆膨能量开始。他们还计算了每个初始值的几率。他们的结论正好和我之前提到的引力熵的结论一致，也是 10 的 10 次方的 120 次方分之一。几率最高的初始状态是爆膨能量值最小，也就是现在宇宙的真空能量的状态。如果这样，我们的宇宙就不应该会经历爆膨，也就不会产生物质和辐射。哈特尔－霍金理论是非常出色的，但是如果从最简单的几率事件来理解，它将预言一个空无一物的宇宙。

哈特尔、霍金和他们的合作者鲁汶大学的托马斯·赫特格为此提出了"人则理论"，也就是说我们观测到的宇宙一定是一个能够形成星系和人类的宇宙。

宇宙的特性在某种程度上是由于我们的存在而决定的。这个观点并不是刚刚提出的。因为现有的理论越来越难解释观测到的宇宙特性，所以有越来越多的人又开始倾向于"人则理论"。问题在于"人则理论"是含糊不清的，要使它具有任何真正的意义，我们需要一个理论既可以提供所有可能存在的宇宙模型，又能提供我们存在在其中之一所需要的准确条件。但是现在很显然还不存在这样的理论。无论如何，哈特尔、霍金和赫特格认为，即使哈特尔－霍金理论预言最可能存在的宇宙是空无一物的，但是当加上"人则理论"的限制后，它还是可以解释观测到的宇宙。原则上讲，只要它符合观测事实，我对于这类论点并不持反对意见。

但是，我们现有的宇宙的存在是几率为 10 的 10 次方的 120 次方分之一的极小概率事件。"人则理论"必须要排除所有其他可能的宇宙，这看上去是个不可能完成的任务。一个只存在一个星系，而周围不存在任何物质的宇宙似乎也足够支持我们人类的存在了。根据哈特尔－霍金理论，这个宇宙的存在几率远高于我们所观测到的宇宙（在他们的讨论中，这种宇宙被强行剔除了）。当初始条件如此不利于我们宇宙的存在时，我认为"人则理论"是解决不了问题的。

一个能预言我们宇宙的存在，但又不需要引入"人则理论"的理论应该是更令人容易接受的。即使"人则理论"可以解决哈特尔－霍金理论的问题（我个人并不同意），从统计学角度考虑"非人则理论"也比"人则理论"合理性要高出 10 的 10 次方的 120 次方倍。

在过去的 10 年的时间里，我和普林斯顿的保罗·斯坦哈特以及其他一些同事研究了一种可以替代爆胀的理论。我们的起始点是大爆炸的奇点。这个奇点会不会不是时间的起点而是通向大爆炸前宇宙的大门呢？如果在奇点之前存在着一个与我们的宇宙相类似的宇宙，那么它是不是直接可以产生一个光球呢？那么是否还需要一个爆胀的阶段呢？

在毫米波的尺度上，我们现在的宇宙大部分是非常均匀而各向同性的，这是很好理解的。因为物质和辐射会散布在空间中，真空能量则是均匀地分布在空间的。随着时间的推移，物质密度和辐射能会因为膨胀变得越来越弱，宇宙变得冰冷而空荡荡的，真空能量成为主宰。如果真空能量是不稳定的，并且在随后的几十亿年里慢慢地减弱，我们可以很容易地据此构建出一个数学模型，在这里真空能量慢慢减弱最终变为了负值，相互排斥引力也变为了相互吸引引力，宇宙就会开始塌缩。

当我们进一步考虑这个假想时，我们发现这种不稳定的能量会变为很强大的正压力。在宇宙塌缩过程中，正压力在宇宙中起着主宰地位并很快使得宇宙变为均匀和各向同性的。当宇宙塌缩到零时就达到了奇点。我们有理由认为，宇宙会进入一个逆转的过程，重新充满辐射并开始膨胀。事实上，在这个逆转过程刚开始时，宇宙的状态与我们之前讨论的毫米大小光球完全一样，这正是我们解释热大爆炸所需要的初始条件。

出乎我们预料的是，在由不稳定真空能量诱发的塌缩过程中，高压下的物质会产生量子扰动，而这种扰动正好可以用来解释观测数据。在这个理论模型中，我们不仅可以解释爆胀理论所能解释的观测现象，还可以避免假设爆胀的初始条件。

其实我们的理论原比爆膨理论要雄心勃勃。我们不但要解释大爆炸的奇点，我们还基于 M 理论。M 理论是物理学中最贴近数学的理论，它是一项试图综合所有的物理学定律，大有前途并且还在不断完善的理论。我在这里不打算谈论它的细节。

爱因斯坦曾经用弯曲的空间来描述宇宙。M 理论用相同的数学方法去描述宇宙中的一切。比如，弦理论是 M 理论的一部分，它用来描述一系列的所谓的一维宇宙（一段段的弦）在超维度的空间中的运动。有些弦是来描述光子、胶子和重子这些携力的粒子的，有些则是与电子、夸克和中微子等物质粒子有关。类似于弦，M 理论包括二维宇宙"膜"和三维的"3-膜"等。根据 M 理论，所有的小维度的宇宙都包含在一个空间为十维再加一维时间的宇宙中。这些维度足够描述我们所观测的宇宙。

现在最佳的 M 理论认为：我们熟悉的三维空间占据十维中的三维，它们很大，而剩下的七维很小。其中的六维弯曲成微小的球，它的大小和形状决定了我们在低能观测到的力和粒子。最神奇的第七维被称为"M 理论维度"，它是连接两个平行的三维世界的间隙。

在我们的工作之前，理论物理学家只对如何用 M 理论解释粒子物理的定律感兴趣，这些额外的隐藏的空间维度都是静态的。我们的新想法认识到这些额外的维度可以改变接近大爆炸时的宇宙，它们为大爆炸的奇点提供了新的解释。

我们发现：根据 M 理论，大爆炸只是在 M 理论的维度中两个三维世界之间的碰撞。从 M 理论来看，当它们相撞时并不会塌缩成一点，而是好比两个巨大的相互平行的盘子相向运动。我们的结果表明，在 M 理论下，大爆炸的奇点并不是一个奇点，物质密度和辐射等物理参量的值也是有限的。

最近我们又发现了一种不需要依赖 M 理论的所有细节但又同样强大的方法来描述宇宙是如何经过奇点的。这里的诀窍就是使用哈特尔和霍金用来描述时空起始时的虚数时间。但是我们用虚数时间来研究从大爆炸前的塌缩宇宙到爆炸后的膨胀宇宙的过程，同时规避了宇宙的奇点。我们很快就会找到一个稳定而又单一的解决方案，从而打开一扇通往大爆炸之前的宇宙的窗户。

如果宇宙可以通过一次奇点，那么它就可以再通过一个奇点。我们勾画出了一个循环的宇宙，每个大爆炸后宇宙会先膨胀然后再收缩，随后另一个大爆炸又开始了，周而复始永不停止。随着每一次周期，宇宙的体积越来越大，产生的物质和辐射能也越来越多。在这个宇宙模型中，时间和空间都是无限的，这里既没有开始，也没有结束。我们称之为"无尽宇宙"[21]。在某次循环中，宇宙可能会达到一种平衡状态，这时宇宙的主要性质和演化轨迹会在随后的循环中一次又一次地出现。这样一来绝大多数宇宙的物理性质应该是和我们观测到的宇宙一样的。这里不需要引入"人则理论"，理论的预言也会更加明确。

如果在基础物理学里只有一个定律的话，我会说："从长远来看，是得不偿失的。" 20 世纪宇宙学的发展，总体来讲是忽略了大爆炸奇点的。但是奇点是宇宙学理论中的一个严重缺陷，只有在做出绝对的假设时，它才可以被忽视，但是这些假设其实是没有确凿的基础的。如果继续忽略奇点的存在，我们的理论就可能像是用沙子建立的城堡，随时有坍塌的可能。我们有关循环宇宙的模型表明爆膨理论所符合的观测数据，用一个通过奇点但是不经过爆膨的理论模型同样可以解释。

循环宇宙和爆膨宇宙之间的竞争归根结底是围绕宇宙学的最根本问题：宇宙有没有开端？当然答案只有两种可能，有或是没有。爆膨宇宙和循环宇宙为这两个答案各提供了一个模型。这两个理论是截然不同的。爆膨宇宙假设一个突然的以指数增长的膨胀，循环宇宙则假设一个漫长的缓慢塌缩过程。两个模型在数学上都有各自的弱点，只有时间能够告诉我们这些弱点是可以解决的还是致命的。最令人兴奋的是，两个模型对观测到的宇宙性质有不同的预言，而且在不远的将来就可以为观测所检验。

在我写这本书时，欧洲空间中心的普朗克卫星正在空中工作，以前所未有的精度探测宇宙的背景辐射。我在前面已经谈到爆膨是可以导致宇宙物质密度的变化的。相同的突然的爆膨也会将微小的量子引力波放大成跨越时空的巨大长波波纹。这些波长非常长的引力波会影响宇宙背景辐射的温度和偏振。普朗克卫星的一个主要任务就是探测这些引力波。很多爆膨的模型中，即使是那些最简单的模型，都预见了引力波对背景辐射的影响，并且这种影响是应该可以观测到的。

霍金在他的研究生涯中一直很喜欢打赌。这是个激励人们全身心投入到某个问题的好办法。当我第一次在剑桥做关于循环宇宙的报告时，我强调我们的模型是可以从观测上与爆膨理论区分开的，因为循环宇宙不会产生爆膨宇宙所预言的长波引力波。斯蒂芬马上就和我打赌说，普朗克卫星会观测到爆膨导致的引力波。我则马上接受了他的挑战，并同意不管他压多大的筹码我都会奉陪。到目前为止我们还没有决定输赢会如何。普朗克卫星最快会在 2013 年公布观测结果，我们至少会在那之前定下来筹码。另外一位重要的爆膨理论物理学家，斯坦福大学的爱娃·西尔夫斯坦也和我打了个差不多的赌，她的筹码就谨慎多了。因为我在加拿大，她在加州，所以如果我赢了她就送我一双冰鞋，而如果她赢了我就送她一双轮滑。

· · · · · ·

一千年以来，人类已经开始探索宇宙形成这样的基本而又意义深远的问题，并且我们似乎已经接近了问题的答案。生活在这个时代是幸运的。古代希腊的一场辩论在很多层面上预示了现在的关于爆膨还是循环宇宙的辩论。埃里亚的巴门尼德以及柏拉图都认为思想是真实的，而感觉只是一种幻象，他们的观点与后来的大卫·休谟完全相对。他们认为如果思想是真实的，那么大脑中可以构造出的任何东西也必定是存在的。巴门尼德解释到，因为一个人不可能想到任何不存在的东西，逻辑上就不可能有任何不存在的东西突然出现。他相信所有的变化都是假象，因为任何事情的发生已经在这个世界中是固有存在的。这也是对哈特尔和霍金的"无界限宇宙"的一个精确的描述。为了推算出他们的理论可以预言的观测现象，他们在最初的量子时空中利用"虚数时间"计算出宇宙固有的性质，然后推演到实数时间，再决定这些性质会导致怎样的观测结果。

持相反观点的是以弗所的赫拉克利特和在他之前的阿那克希曼德。他的名言是"一切都是流动的"，世界由于某些相互对立的因素的存在总会处在持续的压力下。任何事情都是在变化的，没有什么是恒久不变的。他认为，哲学的目的是理解事物是如何变化的，在社会中如此，在宇宙中亦如此。斯多葛派哲学家齐诺最先引入了"ekpyrosis"的概念，它的意思是"从火中而生"。齐诺描述了宇宙是如何在巨大的火焰中诞生和死去的，而宇宙在它一生的其他时间则是处于寻常的演化模式。西塞罗在他所著的《神的性质》一书中写道："最终我们的整个世界都会被巨大的火焰所吞噬……不管是普通的生物体亦或是神，任何东西都不会留下。在熊熊烈焰中，一个崭新的世界将会诞生，世界的秩序会重建。"[22] 在古印度宇宙学中也有类似的宇宙循环历史的详细描述。

在中世纪，随着基督教获得统治地位，《圣经》中的宇宙"起源"得到广泛的认同，循环宇宙的理论越来越不受欢迎。但是历史上，循环宇宙的想法还是会不时地冒出来。埃德加·艾伦·坡就写过一篇题为《尤利卡》的短文，其中描述的宇宙就很类似于古希腊的"火宇宙"。德国哲学家费里德里克·尼采也提议一个不断循环的宇宙。他认为，时间是没有尽头的，但可能发生的事件是有限的，那么现在存在的一切一定在未来还会再次出现，并且周而复始，直到永恒。尼采的"永恒轮回"在19世纪末很受欢迎。

事实上，乔治·勒梅特在研究宇宙的"量子起点"时，曾经对费里德曼的振动宇宙学表示赞赏。1933年，他在谈到这些循环宇宙模型时认为它们具有"不可否认的诗歌般的迷人特性，让人联想到了凤凰涅槃的传说。"[23]

现在我们正站在宇宙学飞速发展的前沿。理论和观测都在努力试图解答大爆炸的问题。大爆炸真的是宇宙万物的开始吗？还是只是一系列爆炸中离我们最近的一次，而每一次爆炸都会产生一个类似我们现有的宇宙呢？同样，理论和观测研究也在试图解开真空能量这个谜团。真空能量现在主宰着宇宙，而且它在未来宇宙的作用更是势不可当的。它到底是什么构成的呢？我们人类可以利用它吗？它会永远存在吗？指数级的膨胀会不会使宇宙最终变得空旷而又冰冷呢？亦或是真空能量自身将是下一个大爆炸的种子呢？观测和理论研究的发展已经将这些问题提上了日程，我个人正在迫不及待地等着答案揭晓的那一时刻。

第四章
一个公式决定的世界

如果你谦虚并善于接受新鲜事物，数学就会帮助你。

一次又一次，当我束手无策时，我就会等待数学来为我指明道路。

这是一条意想不到的路，一条充满新奇景致的路，一条通向新的领地的路。

在这里，我设置了基地，开始探索周围的环境和计划未来。

——保罗·狄拉克，1975[1]

使用地球上最强大的射电望远镜，天文学家们接收到一组从织女星传来的加密信号。织女星是天空中最明亮的恒星之一，它距离地球大约 25 光年。信号中含有如何建造瞬时传送机器的说明，它可以让 5 个人穿越太空来与外星人会面。经过紧张的国际搜寻，各国的领导人选出了 5 个代表。其中之一是一位年轻而又才华横溢的尼日利亚物理学家阿布玛博士。他刚刚因为发现了超统一理论，将物理学所有的已知定律都整合到一个统一的模型下，而获得了诺贝尔奖。

这是卡尔·萨根 1985 年的小说《接触》里的情节，后来又改编成由朱迪·福斯特主演的同名电影。萨根是一位著名的美国天文学家，他的电视系列节目《宇宙》也使他成为最重要的科学普及工作者之一。将艾达作为小说的主角，萨根想传递两个信息：首先发现宇宙的基本定律是一个全球性的和跨文化的研究。世界各地的人都会为世界是如何存在的这个共同问题而着迷。另一个信息就是天才是不挑选国家的。虽然在物理学以及一些其他领域的发展史上非洲人民的贡献还很少，但它在未来却很可能成为天才的摇篮。科学从文化的多样性中会得到很大的益处，不同文化的相互碰撞会带来新的能量和灵感。

在过去的 10 年间，我过着双重的生活。一方面，我在努力研究宇宙在初始的状态和遥远未来的状态。另一方面，我在为如何引导年轻人，特别是发展中国家的年轻人进入科学领域这个问题而着迷。

我之所以对这个问题很关心，是因为我的家乡在非洲。我在前面曾提到，我出生在非洲，父母因为反对种族隔离而被捕入狱。他们被释放后，我们作为难民先是逃到了东非，后来又到了英国。在我 17 岁时，我回到了非洲，在被南非环绕的内陆国莱索托的一个乡村教会学校教了一年书。莱索托是世界上最贫困的国家之一，80% 的工作是临时性的，并且主要是集中在边境的一些矿区。在我任教的那个村庄——马克哈克，我认识了很多很好的村民和聪明的孩子，他们虽然有很多的潜力却没有任何的机会。无论他们有多聪明，他们也不能有我这样的机会。长大后，当个矿区的办事员已经是他们的最高愿望了。

教会学校的孩子们渴望知识，在课上积极应答，而且都很聪明。但是总体来说，他们接受的教育是死记硬背式的：背诵乘法表、抄录黑板上的笔记以及在考试中重复课上的练习。他们没有机会去研究或学习如何独立思考。学校的学习是枯燥的，它的唯一目的就是拿证书。学校的老师们当年也是这样被教育的，他们现在又成了这个怪圈的传承人，他们保持着对学生严厉的近乎粗暴的管教，但是对他们的学习成果却抱着很低的期望。

　　我尽可能地带学生们到户外活动，尝试着把教室里的知识和周围环境结合起来。有一天，我让他们估算一下教学楼的高度。我以为他们会放一把尺子在墙边，先用拇指和食指估计它的大小，然后再估算墙的高度。但是有一个男孩却用粉笔蹲在地上写写画画。这让我感觉有些不快。他的个头看上去比他的年龄要小很多，来自村里一家最穷的人家。我问他："你在干吗呢？我让你估算教学楼的高度呢。"他说："我测量了一块砖的高度，还数了有多少块，现在我正在做乘法呢。"不用说，我还真没想到这个方法。

　　人们对知识的热情和兴趣常常令我非常吃惊。有一次我在学校看足球比赛，我的旁边坐着一位在休年假的矿工。他对我说："在学校时，只有一样是我真正喜爱的，那就是莎士比亚。"然后他就给我背诵了一个段落。我会碰到很多类似的例子让我坚信非洲人民具有提高知识水平的巨大潜力，而这正是非洲大陆发展所必须的。

　　因为有教会的反对，进化论是不包括在学校的教学大纲里的，但是我们还是做了有关内容的精彩课上讨论。大部分的非洲孩子不知道现代科学发现智人起源于 20 万年前的非洲，然后在五万到七万年前开始离开非洲，迁徙到其他地方。我想如果知道人类、数学、音乐和艺术都来自非洲，这些非洲的孩子可能会受到鼓舞。但是，现实常常让非洲青年觉得自己是个旁观者，所有的进步和发展都在世界的其他角落。

　　1994 年，种族隔离制度被废除后，我父母被允许返回南非。同内尔森和温妮·曼德拉一起他们当选为新一届的非洲民族议会的议员。他们常对我说："你就不能回来帮帮忙吗？"那时我正为自己的研究事业奋斗。直到 2001 年，我在剑桥大学任职期间才有机会利用一年的时间访问了离父母住所很近的开普敦大学。在那里我的大部分时间都用来研究新的宇宙学理论，比如循环宇宙。但是我也会抽出时间和我的同事们讨论如何加快非洲科学发展的进程。

在这些交谈中，我们很快达成共识，在非洲数学知识的不足是个很严重的问题。在这里，工程师、计算机科学家以及统计师人数稀缺，使得工业创新几乎不可能实现。更广义地来讲，由于这些人才的缺失，政府在做出有关健康、教育、工业、交通以及自然资源的决定时常常缺乏足够的信息资源。非洲国家高度依赖外部的世界，它们出口生鲜农产品和未加工的原材料，同时进口制造的商品和打包再加工后的食品。虽然手机改变了不少非洲人的生活，但是还没有一部是在非洲制造的。如果非洲想自给自足，最迫切的就是培养自己的技术人员和科学家，来改造和发明新技术，只有这样非洲才能追上其他地区发展的步伐。

我们决定建立一个面向整个非洲的非洲数学科学研究中心，简称 AIMS（见图 10）。我们的想法非常简单，招收全非洲最聪明的学生，聘请全世界最优秀的教师，设计出一个合理的项目，在数学模型、数据分析和计算机计算等方面将非洲最优秀的学生培养成自信的思考者和问题的解决者。我们会选择现实非洲最有用的诸多学科和领域，例如流行病学、资源利用、气候模拟和通信等开设课程，同时我们还会提供基础学科如物理学和数学。

最重要的是，我们希望建立一个高水平的以致力于非洲发展为目的的中心。该中心的目标是开放的，鼓励学生去探寻和发现他们最感兴趣的领域，并且帮助他们寻找发展的机会。AIMS 将会帮助他们成为有助于整个非洲发展的科学家、技术专家、教育者、顾问和创新者。

在父母的鼓励下，我和我的兄弟们用家族的一小笔遗产购买下了一座废弃的旅馆。它位于开普敦郊外的海边，是一座拥有 80 间房间、1920 年装饰艺术风格的漂亮建筑。在我的剑桥同事的帮助下，我们建立了一个包括英国的剑桥大学和牛津大学，法国的奥尔赛大学以及开普敦的三所大学之间的合作关系。我们聘请了南非的核物理学家弗里兹·哈恩担任第一任所长。我又说服了我的一些同事，每个人在中心授课三周。我们通过电子邮件和海报招贴的方式在非洲的各个大学宣传我们的中心。2003 年，

AIMS 正式开始运行时，我们接收了 28 名来自 10 个国家的学生。

AIMS 是一个实验项目。刚开始时，我们只是凭着帮助非洲发展的信念，但并不知道具体应该如何去做。大部分参与规划这个项目的人都是学者，对于从头建立一个研究所毫无经验。对于任何参与的人，这都是个很好的学习机会。我们发现，当我们把非洲各地的学生和世界最好的老师聚集到一起时，文化之间的巨大差异使得各种灵感的火花被激发了出来。

南非有一个很强的但由白人主导的科研群体。很多当地的学者对我们说："你确信你想做这件事吗？你将要花费所有的时间在补习班上，这些学生什么都不懂。"很快，AIMS 就证明他们是错的。这些学生虽然基础弱，但是他们却都有很强的积极性。很多学生克服了贫穷、战争和失去亲人等不可想象的困难和痛苦。这些经历使他们更珍惜生命，也更加珍惜 AIMS 提供给他们的机会。他们比我所碰到的任何学生都更努力工作，因为他们知道在 AIMS 学习是通向世界的大门。

在 AIMS 的教学经历是难以忘怀的。我觉得必须要尽自己最大的努力来上好课，因为这里的学生真心渴望学习，而且需要快速掌握这些知识。所有 AIMS 的人员都知道自己是在参与一个大洲在科学上的转型期。我们都相信，当这些非洲青年得到机会时，他们的贡献就会令世界震惊。

拿依夫斯来说，他来自一个喀麦隆腹地的农民家庭。家里 9 个孩子，父母却只能负担一个孩子上大学。依夫斯是那个幸运的孩子，他也决定不辜负这个机会，努力证明自己的能力。从 AIMS 毕业后，他拿到了理论数学的博士学位。很快，他又在南非数学年会上获得了最优秀博士生报告奖。这是多么出色的成绩啊，又展示了多么强有力的象征意义啊：一个来自非洲贫困乡村的孩子也可以成为年轻科学家中的领军人物。

从 AIMS 开办仅仅九年的时间，我们已经培养了近 450 名来自 31 个非洲国家的学生。大部分来自贫穷的家庭，但是几乎所有的人都成功地在研究、教育、事业、工业和政府部门找了工作。他们的成功不但为我们传递了一个强大的信息：偏见是可以克服的，还激励了无数人继续努力。对于未来的非洲，难道还有比这更划算的投资吗？

我们在开普敦建立了第一个 AIMS，而我们的梦想是在整个非洲大陆建立 15 个 AIMS 中心，从而形成一个从事尖端科学研究的网络。每一个 AIMS 就像是一座灯塔，它将成为一个地区科学研究和教育领域中熠熠发光的宝石，帮助转化青年人的期望并为他们提供机会。

2008 年，我应邀在加利福尼亚的 TED 年度会议上做了"梦想改变世界"的报告，与会有不少是在硅谷最有影响力的人。我的希望是借助他们的帮助来挖掘和培养非洲的科学人才，这样也许在我们的有生之年就会庆祝一个非洲的爱因斯坦了。一个理论物理学家是不会轻易地这样使用爱因斯坦的名字的，我当初也是很紧张的。在我报告之前，我曾经向一些最挑剔的同事们试探他们的看法。让我开心的是，他们都毫无保留地表现出了乐观态度。科学需要更多的爱因斯坦，也需要非洲的参与（见图 11）。

使用爱因斯坦作为我们的口号的想法来自 AIMS 的另一位优秀学生。埃斯拉来自苏丹西部的达尔福尔。在那里她的家庭受到种族屠杀的迫害，成千上万的人被谋杀，上百万的人被遣散。在来到 AIMS 之前，埃斯拉在喀土穆大学读物理。虽然她的家乡和亲人处境绝望，但她却保持了乐观的心态。

一天晚上，我在讲宇宙学。像平常一样，我们有很多生动的讨论。当我讲到爱因斯坦有关宇宙的公式时，我对学生们说："当然，我们希望下一个爱因斯坦就在你们中间。"第二天，一位资助者来中心参观。我们找了一些学生代表来发言。埃斯拉在结束她简短而感人的发言时说："我们希望下一位爱因斯坦是非洲人。"几周后 TED 邀请我去作报告，当被问及我有什么愿望时，我立刻就知道了会是什么。

我们特意选定这个口号，是为了改变国际上普遍采取的对非洲援助的手段，改变非洲发展的目标。我们不应该把非洲看成是一个问题大洲，因为饱受战争、腐败、贫穷和疾病的困扰，而需要我们的救济。而应该看到非洲也能够成为一个充满各种人才和拥有世界最美丽的自然环境的地方之一。很久以来，非洲被关心的只是它的钻石、黄金和石油。但是非洲的未来应该是以人为主的。我们应该对他们充满信心。

现代社会是以科学和科学思考方式为基础的。这是我们最有价值的又同时可以分享的财富。帮助培养非洲的科学家、数学家、工程师、医生、技术专家、教师和其他领域的人才应该是目前最重要的事情。但是我们不应该采用居高临下的姿态，而是应该遵循互相尊重、互惠互利的原则。我们应该认识到非洲是世界上最大的还未开发的人才宝库。

鼓励非洲青年追求在高知识领域的成就，也会鼓舞他们追求高新技术的勇气和决心。在他们中间不但会成长出科学家，他们也会进入政府、创造新的企业。我们也会有非洲的盖茨、布林和佩奇。

2011 年，我们在达喀尔美丽的海滨自然保护区建成了第二个数学研究所，AIMS 塞内加尔中心。2012 年，第三个研究所在加纳美丽的海边建成。AIMS 埃塞俄比亚中心将是下一个。

AIMS 每年接到 500 个左右的申请，我们的学生已经在生物科学、自然资源、材料科学、工程学、信息技术、金融数学和理论数学与理论物理学方面开始发挥重要作用。他们为后继的无数学生点亮了一条成功的道路。我们希望 AIMS 成为非洲科学研究发展的种子。

最近，经过激烈的国际竞争，世界最大的射电望远镜平方千米阵列（SKA）决定将在南非建设。整个阵列建成后将占地 5000 平方千米，有一部分天线还将建在纳米比亚、肯尼亚和马达加斯加等。这将是全球最先进的科学设施，也将激励新一代的非洲年轻科学家。在他们之中可能就会有一个阿布玛·艾达出现。

· · · · · ·

20 世纪以来，为了达到超级统一理论，物理学家们总结了一个包含了所有的已知物理定律的公式，也就是我们指的"一个方程中的世界"（见图12）。为了致敬古人，大部分公式都是由希腊字母组成的。毕达哥拉斯的数学定律是公式的核心，苏尔美和古埃及的数学也很有可能包含其中。他们对数学推理能力和自然本性的信任被一次又一次的证明是正确的，就连他们自己恐怕也会非常高兴。

这个魔法公式的精确性以及它适用的广度是独一无二的，从最小的亚原子尺度到可见宇宙都适用，这是科学里的任何其他成就都不可与之比拟的。它是世界各地科学家的远见卓识与辛勤劳动相结合的产物。这个公式告诉我们，宇宙遵循简单的、万能的，但又可以为人类可理解的规律。而我们人类正是这些可认知的知识的创造者。正是这种能力决定了我们人类的现在与未来。

宇宙中的每一个原子、分子和光量子都遵守这个魔法公式。物理学这些不可思议的可靠性使得我们可以制造计算机、智能手机、互联网以及其他基于现代技术的设备。但是宇宙并不是一架机器或一个电子计算机。它遵守量子理论，而对它的整体意义我们还在不断地发现中。根据这个理论，我们不是一个无关紧要的旁观者。相反地，我们所看到的是由我们的观测来决定的。不同于经典物理，量子物理允许自由元素的加入，但是我们还不知道其中的原因是什么。

让我们从公式左边的薛定谔波函数开始，Ψ 是一个希腊的大写字母，读作 posi。它的数值代表宇宙的不同状态。这个数值可不是一般的数字，而是包含着神奇的虚数 i 的。我们在第二章讲到过它是 -1 的平方根，这样的数字被称为"复数"。我们对它不熟悉是因为我们平时不用它测量计数。但是它们在数学上非常有用，特别是在量子理论中更为重要。

复数包括一个实数部分和一个虚数部分，虚数部分表示了包含有多少 i。按照毕达哥拉斯定理，直角三角的斜边的平方是两个直角边的平方和。相同的，复数长度的平方是实数部和虚数部的平方和。我们就是利用这个方法用复数 Ψ 来计算几率的。我们这里看到，第一个已知的数学定理是量子物理的核心组成部分，这也是对最早期的数学家的致敬。

当我们要测量一个系统的性质时，比如一个球的位置或是一个电子的自旋，我们会得到一系列可能的结果。量子理论预言的只是一个事件发生的几率，而这个几率我们可以利用毕达哥拉斯定理通过波函数 Ψ 来计算。当我们需要预测一个大物体的性质时，通常某个结果的几率会比其他的都要高很多。比如，当我们扔出一个球时，量子理论几乎可以给出它确定的下落轨迹。但是如果抛出的是一个亚原子粒子，它的位置就会变得越来越无法预测。在量子理论中，只有当考虑大数量的粒子样本为一个整体时，它们的性质才是高度可预测的。

在公式的右侧有两个有趣的符号，它们看上去像是又高又细拉长的 S。它们是积分符号，用来把所有的一切整合在一起。大的积分符号告诉我们对于某个特定的结果，我们要考虑每一个可能导致这一结果的进程，并且把每个进程的贡献加在一起。比如，如果我们在某个位置释放一个小粒子，并且希望知道在晚些时候它出现在另一地点的几率是多少。我们要考虑它从第一个位置到达第二个位置所有可能采用的方式。它可能会以固定的速度从一点沿直线到达另一点。它也可能先跳到月亮上再跳回来。每一个可能的运动轨迹都对最终的波函数有贡献。就如同宇宙有不可思议的能力把所有可能的路径和可能的未来都扫描了一遍，而每一种可能性都对波函数有贡献。美国物理学家理查德·费曼发现了量子理论的这一公式，并称之为"历史的总和"，所有的物理公式其实都是用这种方式来构造的。

一次进程的贡献到底是多少呢？这是由大的积分符号右边的公式给出的。首先我们看到的是字母 e，它的值是 2.71828……它是由 18 世纪的瑞士数学家莱昂哈德·欧拉引入的。如果 e 与 e 自乘，描述的是一个指数形式的增长，这种函数形式出现在很多现实生活的例子中，比如细菌在培养基里的增加，根据复利计算的资产的增长，由摩尔定律决定的计算机的计算能力等。它甚至用来描述真空能量驱使下的宇宙膨胀。

e 在公式中的用处可远比上面提到的这些大。欧拉发现了被称为"最神奇的数学公式"，它将代数和解析与几何联系在了一起。如果 e 的指数是虚数，也就是实数与 i 的倍数，那么它的结果是一个复数，并且它的实部与虚部的平方和为 1。在量子理论中，这个特性就使得所有几率的和是 1。量子理论把代数、解析和几何与事件的几率结合在了一起，于是它几乎把数学的主要领域都归结于对自然最基本的描述。

在这个公式中所有的已知物理定律被统一在一起称为"作用"，它是 e 的指数。作用的计算从小的积分符号开始的。要得到"作用"就要考虑括号中的 6 个物理量在所有空间以及到计算薛定谔波函数的那个时刻之前的所有时间内的各种可能值并求和。"作用"只是一个实数，但是它却同进程发生的几率相关。

我们在第二章里面讲过物理学中的"作用"是由 19 世纪爱尔兰数学物理学家威廉姆·罗恩·汉密尔顿引入的。这里经典物理（由"作用"来表现），虚数 i，普朗克常数 h，和欧拉数 e 结合在一起诠释了量子世界。两个拉长的 S 体现了它的探索性和整体性。如果我们能够直接体验奇怪而又遥不可及的量子世界，而不是仅只看到有限的一些可能结果，和它们出现的几率的话，我们也许会看到一个完全不同的宇宙。

让我们再来看一下"作用"中的六个部分，它们结合在一起代表了所有已知的物理学定律。按顺序它们是：引力定律、粒子物理中的三种作用力、所有的物质粒子、物质粒子的质量，最后的两个是有关希格斯场的。

第一项是引力，它是由弯曲的时空来表现的。R 是爱因斯坦引力理论中的重要参量。G 也在这里出现，它是牛顿引进来的普适引力常数。牛顿最初的运动和引力定律只有 G 留在了基础物理中。

第二项 F 代表了场，类似于詹姆斯·克拉克·麦克斯韦引进的用来描述电磁力的电磁场。在我们这个非常紧凑的公式中，它还代表了将原子核绑在一起的强核力和支配电磁辐射和化学元素形成的弱核力。20世纪五十年代中国的物理学家杨振宁和美国的物理学家罗伯特·米尔斯采用泛化的麦克斯韦方程来表述弱核力。六十年代，美国的物理学家谢尔登·李·格拉肖、斯蒂夫·温伯格和巴基斯坦物理学家阿卜杜斯·萨拉统一了弱核力和电磁力形成了"弱电"理论。在七十年代早期，荷兰物理学家杰拉德·胡夫特和他的博士导师马丁纽斯·韦尔特曼证明了量子杨－米尔斯理论满足数学一致性。他们的工作为上述这些统一模型注入了新的活力。不久，美国物理学家大卫·格娄斯、大卫·普利策和弗兰克·维尔切克证明了强核力也可以统一到某种形式的杨－米尔斯理论中。

第三项是在1928年由英国物理学家保罗·狄拉克发现的。在思考如何将相对论和量子力学结合在一起时，狄拉克发现了这个描述电子等基本粒子的公式。这个公式同时也预言了反物质的存在。狄拉克发现每一个粒子，就比如电子，都有确定的质量和电荷数，他的公式预言了另一个粒子的存在。它与电子有着同样的质量但是相反的电荷。这个惊人的发现是在1931年。在随后的一年，美国物理学家卡尔·安德森探测到了电子的反物质对，正电子，它的性质与狄拉克所预言的完全一致。

狄拉克的公式描述了所有的已知物质粒子，这其中包括电子、μ介子、τ子和它们对应的中微子以及六种不同的夸克。每一个粒子都有一个反粒子。粒子和反粒子都是狄拉克场中的量子，用小写希腊字母 ψ 来表示。在"作用"中的狄拉克项描述了这些粒子是如何通过强力、弱电力和引力相互作用的。

第四项最初是由日本物理学家汤川秀树发现的，他的同胞南部阳一郎和益川敏英在1973年对他的发现进行了细节上的补充并且给出了现代物理常用的公式形式。这一项将狄拉克的 ψ 场和希格斯 φ 场联系起来。我们将在下面进一步讲解。汤川秀树－南部阳一郎－益川敏英公式描述了所有的物质粒子是如果得到质量的，并且巧妙地解释了为什么反粒子并不是它们对应的物质粒子的完美的镜像图像。

最后两项是用来描述希格斯场 φ 的，它是一个小写的希腊字母，读作 fai。希格斯场是弱电理论的核心。

粒子物理的一个核心概念是各种力场和物质粒子在麦克斯韦－杨－米尔斯理论和狄拉克理论的描述下可以有多种组合方式。在 20 世纪六十年代早期，诞生了一种理论机制，这个理论机制可以给出不同的电荷和物质的组合。这就是著名的希格斯机制。这是从超导机制中得来的启示，因为在超导状态下电磁场被从超导体中挤了出来。一位美国著名的凝聚态物理学家菲利普·安德森建议超导下的这种机制也许也适用于真空。这个想法很快被很多量子物理学家结合到了爱因斯坦的相对论上，这其中包括比利时的物理学家罗伯特·布绕特和弗朗索瓦·恩格勒特，以及英国的物理学家彼得·希格斯。这一想法又由美国物理学家杰拉德·古拉尼和卡尔·哈根进一步完善。当初和哈根工作的另一位英国物理学家是汤姆·基布尔，我非常幸运地选到了他作为我的博士导师之一。

希格斯机制是格拉斯哥、萨拉姆和温伯格理论的核心。他们认为是弱电的希格斯场 φ 将麦克斯韦的电磁力从弱核力中分离开，并且决定了物质粒子的质量和电荷。

公式中的最后一项是希格斯势能 $V(\varphi)$，它确保希格斯场 φ 在真空空间的任何地方都是一个固定的常数。正是这个量连接了矢量场中量子的质量和物质粒子。希格斯场也可以以波的形式传播能量子，这一点很像麦克斯韦理论中的电磁场。这里的能量子被称为"希格斯子"。不同于光子，希格斯子的寿命很短，很快就会衰变成粒子和反粒子。不久前，在日内瓦的 CERN 实验室的大型强子对撞机中终于探测到了已经被预言了半个多世纪的希格斯子（见图 13）。

最后，希格斯势能 V 在真空中也会对决定真空能量起某些作用，而这种能量最近已经在宇宙学中测量了出来。

这些项放在一起描述了一个"标准粒子物理模型"。矢量场的能量子，比如光子和希格斯波色子被称为"携力粒子"。如果考虑所有可能的自旋状态，总共有 30 种不同的"携力粒子"，包括光子（电磁场的能量子），W 和 Z 玻色子（弱核力场的能量子），胶子（强核力场的能量子），重子（引力场的能量子），希格斯波色子（希格斯场的能量子）。这些物质粒子都遵循狄拉克场。如果包括它们的自旋和反粒子，则总共有 90 个物质粒子。从某种角度讲，狄拉克的公式涵盖了四分之三的已知物理理论。

我第一次看到这个公式是读研究生的时候，能将所有已知的物理总结成一行公式，对我来说是很大的鼓舞。因为只要我能掌握物理的语言和学会如何计算，理论上讲，我就已经从基本的层面上了解了决定每一个物理进程的物理规律。

· · · · · ·

你也许在想：为什么所有的物理定律最后都会归到一个如此简单的公式呢？这主要要归功于"对称"这个概念。对称是指一个物理系统在经过某种变化后性质不变。比如，一只表无论放在哪儿走的速度都是一样的，这是因为决定表针运行的机制并不依赖于表的位置。我们说决定表针运行的定律在不同的空间下是对称的。同样地，钟表在旋转时也不会走快或走慢。我们说在旋转下，决定钟表运行的定律也是对称的。如果钟表在今天和昨天与明天走的都是一样的，那么它在时间变换下还是对称的。

对称的概念引入物理的历史一直可追溯到一位出类拔萃的女性：艾米·诺特。她在 1915 年发现了数学物理中最要的结果之一。她用数学证明了如果一个被"作用"所描述的物理系统不随时间的变化而变化，那么这个系统就是能量守恒的。类似地，很多系统的演化并不受所在空间的位置影响。诺特在这里展示的实际上是有三个守恒物理量，分别对应动量的三个组成部分。我们可以沿三个独立方向东西、南北或上下中的任一个移动也不会造成系统的改变。

自从牛顿引入了能量和动量这些物理量，它们在解决实际问题上就一直非常有用。比如，能量可以以很多方式存在：热能可以存储在一盘沸腾的水中，动能可以存储在扔出的球中，势能可以存储在一个放在墙头即将要落下的球中，辐射能存储在阳光中，化学能存储在石油和天然气中，弹性能存储在拉伸的弦中。只要系统是与外面的世界相隔离的，并且时空是不变的（在地球上从事的任何实验都是如此），总能量保持不变。

动量是另一个重要的系统守恒量。比如，它可以用来描述碰撞后的系统。类似地，本杰明·富兰克林关于电荷守恒的定律表明你可以改变电荷的分布，但不能改变电荷的数量。这是诺特原理的又一个表现。

在艾米·诺特之前，没有人明白为什么这些物理量会守恒。诺特意识到其中的原理非常简单：守恒定律是在物理定律中空间、时间和其他基本物理量对称时的数学结果。诺特的观点对于发展强力、弱力和弱电力的理论至关重要。比如在弱电理论中的绝对对称变换可以使电子变成中微子，中微子也可以反过来变成电子。但是希格斯场对不同粒子是不同的，从而打破了对称的原则。

诺顿是个经历不凡的人。她出生在德国，作为一个犹太人和女子，她受到了双重的歧视。她的父亲基本上是个自学成才的数学家。他所教书的埃朗根大学通常是不接收女学生的。但是艾米被允许旁听并最终拿到了毕业证。经过艰苦的奋斗她终于完成了博士论文。后来她提起时，以她特有的谦虚认为那篇论文不过是垃圾而已。随后她在大学的数学研究所里教了7年的书，却没拿到一分讲课费。

她在哥廷根参加学术研讨会时，遇到了当时几位最著名的数学家，包括戴维·希尔伯特、费力克斯·克莱因、赫尔曼·闵可夫斯基和赫尔曼·韦尔。他们在与她的接触中，很快就意识到了她的潜力。哥廷根大学关于不能使用女教师的规定一取消，希尔伯特和克莱因就把诺特找来教书。虽然有很多教授反对，但她的任命还是被通过了，这次她还是没有讲课费。1915 在她被聘用不久，她就发现了她的著名对称原理。

诺特原理解释了能量、动量和电荷这些基本物理量的守恒定律，但它的意义远大于此。它解释了为什么在空间膨胀能量不再守恒的情况下，爱因斯坦的广义相对论公式仍然成立。比如，它可以解释我们在第三章谈到的真空能量驱动宇宙成指数膨胀，以及为什么越来越多的能量产生出来，却没有违背任何物理定律。

当诺特试图解释物理量的守恒和有引力存在的更一般的状态时，她采用的是经典物理的概念，它的公式是汉密尔顿作用原理的公式形式。半个世纪后，爱尔兰物理学家约翰·贝尔以及美国物理学家斯蒂夫·阿德勒和罗曼·杰克韦发现在考虑量子效益时，如果包括费曼所描述的各个进程，那么诺特所预言的守恒原理会被打破。

随后我们发现要形成自然界中的粒子和力的分布，存在一个非常脆弱的平衡（异常注销），这使得诺特的守恒定律仍然成立。这也从另一方面体现了基础物理统一的困难性：因为只有一个个局部的理论都建成了，作为一个整体的理论才可能被构建。如果你试图去掉电子、介子、T子以及它们对应的中微子而只保留夸克，那么诺特的对称和守恒原理就不再成立了，整个理论就变得数学不稳定了。我们建立统一模型的指导原则之一是诺特原理必须在任何统一理论中都成立，这其中也包括 20 世纪末的弦理论。

诺特倾其心血在德国历史上最困难的那段时期指导了 16 个博士生。1933 年，希特勒上台后，犹太人成为了受迫害目标。诺特被哥廷根解聘。同时被解聘的还有她的同事马克斯·玻恩。伟大的数学物理学家赫尔曼·韦尔当初也在那里工作。他在谈到诺特时写道："在那个到处充满了仇恨和卑鄙行为，绝望和痛苦的年代，艾米·诺特的勇气、坦诚、不顾个人安危以及乐于和解的性格是一种心灵的慰籍。"[2]

最终，诺顿逃到了美国，她成为了布林莫尔大学的教授，这是一所女子大学，特别以为犹太女子提供安全避难而闻名。不幸的是，在诺特53岁时死于卵巢囊肿。

在写给纽约时报的信中，阿尔伯特·爱因斯坦这样写道："在活着的最有才华的数学家中，诺特小姐是女子允许接受高等教育以来出现的最具有创造性的数学天才。在代数学中，这个很多最聪明的数学家们辛勤工作了几个世纪的领域，她发现了对于发展当今社会年轻一代的数学家至关重要的方法。"[3]艾米·诺特有一颗纯净的心，她在数学上的发现已经为物理学研究打开了很多通道，她的成果必将继续产生更大的影响。

保罗·狄拉克是另一位出身卑微的数学奇才。他的发现为物理统一方程奠定了基础。作为量子理论的大师，他是相关公式的最主要贡献者。但是当问到他认为自己最重要的发现是什么时，他却认为是他引入的花括号。这个花括号是他引入到量子理论中的一个数学工具，用来代表系统的两个不同状态。初时的状态称作ket，终结的状态称为bra。这看上去有些滑稽。他发现了适用于四分之三已知粒子的公式，预言了反物质的存在和拥有无数开拓性的发现，这些对他都不及一个简单的数学符号重要。就像有关狄拉克的很多故事一样，人们常不可避免地觉得：他一定是在开玩笑吧。但是谁也不知道他是不是当真的。

最近一本狄拉克的传记称他为"最古怪的人"。他出生在英国布里斯托一个中产阶级家庭。他的父亲查尔斯·狄拉克来自瑞士，是一个法语教师和严格遵守清规戒律的人。虽然他是父亲最喜欢的孩子，但是保罗·狄拉克的童年与世隔绝也并不快乐。他非常幸运地进入了他父亲任教的布里斯托商业合资技术学校学习，这是英国最好的免费的科学和数学学校之一。

在校期间，狄拉克表现出了惊人的数学才能，而后他继续到剑桥学习工程学。虽然他以最优秀的成绩毕业，但是由于当时战后的经济环境使他无法找到工作。狄拉克回到布里斯托大学开始攻读第二个学士学位，这次他选择了数学，工程学的损失成了物理学的收获。在 1923 年，21 岁"高龄"的他回到了剑桥的圣约翰学院，开始攻读广义相对论和量子理论的博士学位。

在随后的几年间，这个腼腆又安静甚至被一些人称为隐形的年轻人做出了一系列惊人的发现。狄拉克的工作是复杂精致与简单明了的集合体。他在博士工作中研究出了一种通用的转换理论，使得他可以用最简约的形式来描述量子理论。这种方式一直延用至今。在他 26 岁时，他结合相对论和量子理论来描述电子时发现了狄拉克公式。这个公式解释了电子的自旋并且预言了电子的反粒子——正电子的存在。正电子在现在的日常生活中被用于医学的正电子辐射断层扫描（PET），用来跟踪注入人体内的生物分子。

当有人问狄拉克："你是如何发现狄拉克公式的？"据说他的回答是："我觉得它很美丽。"他故意只考虑字面意思，并且把答案简化得不能再简短了。据说他很开心这样做。狄拉克坚持将物理理论建立在数学基础上的做法是非常有名的。虽然他最先提出了量子电动力学的概念，而且取得了很大的成功，但是他却一直不满意。由于真空的量子扰动，狄拉克的理论里出现了无穷大值。其他的物理学家，包括理查德·费曼、朱利安·施温格和朝永振一郎采用"再归一化"的计算方法避过了无穷大值。采用这个技巧产生了很多精确的预言，但是狄拉克从没完全相信这种办法是可行的。他觉得这像是把一些严肃的数学难题藏了起来。他甚至指责那些精准的预言只是一些侥幸的产物。

狄拉克的贡献在总结所有已知物理成为一个公式的过程中影响深远。因为正是狄拉克看到了汉密尔顿关于经典物理的作用原理公式与新兴的量子理论之间的关系。他意识到了如何从经典理论过渡到它的量子版本，也意识到量子物理是如何扩展了经典理论对自然的认识。1930 年，他完成了一本关于量子理论的教科书。正是基于对经典和量子理论相互关系的深刻认识，他在这本著名的教科书中勾画出了薛定谔波函数、汉密尔顿作用和普朗克量子作用之间的关系。但是很长一段时间都没有人意识到他在这个问题上的远见卓识。直到 1946 年，费曼才在狄拉克的启发下给出了这些量之间更清晰的相互关系。

在他的一生中，狄拉克不断地提出新颖而又令人惊叹的研究课题。他研究磁单极的存在，并且第一个试图量子化引力。虽然他是量子理论的创始人之一，但是他很喜欢爱因斯坦的与几何相结合的物理观。从某个方面讲，我们可以把狄拉克看成是一个从爱因斯坦更具哲理性的工作中不断受到启发的出色的技术专家。

1963 年 5 月，他在《科学美国人》上发表了一篇论文，题为"物理学家对自然认识的演化"，他写道："量子理论告诉我们，我们需要考虑观测的过程，而观测通常需要我们将四维宇宙中的三维拿来考虑。"他的意思是说为了计算和诠释量子理论的预言，我们经常需要将时间和空间分开。狄拉克认为，爱因斯坦关于时空一体的观点和由观测者造成的时空分离是不可避免的，也是无法改变的。他认为量子理论和海森堡的不确定原理恐怕要做些改变。"当然，我们不会回到经典物理的那种确定性。毕竟演化是不会后退的。"他又说，"我们会发现一些预料不到的新进展，我们还无法猜测它们会是什么，但是它们一定会把我们更远地带离经典理论。"

很多物理学家都对于不谙世故的狄拉克充满敬意。尼尔森·波尔说："在所有的物理学家中，狄拉克具有最纯净的灵魂。"后来他又说："狄拉克身上不带有一丁点的无价值的东西。"[4] 美国伟大的物理学家约翰·惠勒说得更简洁："狄拉克拥有最完美的名誉。"[5]

我见过狄拉克两次，都是在为研究生举行的暑期学校里。第一次是在意大利，他做了一场 1 小时的报告。他报告的内容是为什么我们必须理解如何预测一个电子所带电荷的确定数目，否则我们就不会在物理学上得到任何进展。有一天晚上活动的主题是"物理学的黄金时代"，活动的目的是邀请一些经历过现代物理早期发展的伟大的物理学家来讲一些他们解决难题的故事，以此鼓舞和激励我们年轻一代的学生。狄拉克是当时在场的最著名的物理学家。轮到他讲时，他站起来说道："20世纪二十年代的确是物理学的辉煌时代，不过他们已经一去不复返了。"他就说了这么一句话，但显然不是我们想听到的！

　　第二次见到狄拉克是在爱丁堡的一个暑期学校。当时一个报告人正在兴致勃勃地解释超对称，一种有关力与物质粒子间的对称。他看了看在座的狄拉克，希望得到他的支持，并且还引用了狄拉克的名言：数学的美丽是指引物理学的最重要原则。但是狄拉克又一次打乱了报告人的如意算盘，他说道："人们从来也不引用我的后半句话：不管你的理论多漂亮，如果经过了5年还没有得到实验的证实，你就该放弃它。"我想他至少在一定程度上和我们开玩笑。在他为《科学美国人》撰写的文章中 [6]，他并没有给出类似的警告。关于薛定谔波函数的发现，狄拉克说道："我认为这里有个寓意在里面，一个理论的公式的美丽远比符合实验结果更重要。"

　　狄拉克在结束他的文章时倡导利用数学去发现新的物理原理："自然的一个最基本性质似乎是这样的：最基本的物理原理需要用完美而又强大的数学工具来描述，并且需要很高的数学修养来理解。你可能会猜测：为什么自然要以这样的方式来构成呢？从我们现有的知识来看，自然就是这样构成的。我们只能接受这个事实。人们可能会说上帝是一个高水平的数学家，他利用高深的数学知识建造了宇宙。我们从数学出发的这些微不足道的尝试使我们对宇宙有了些许了解，当我们开始研究越来越高深的数学时，我们也希望能够更多地了解宇宙。"

　　狄拉克的上帝，我认为，与爱因斯坦或古希腊人的上帝一样都是指的自然和宇宙，它的运行规律概括了合理性、秩序和美中最好的部分。称上帝为高级数学家恐怕是狄拉克可以给出的最高赞誉了。即使在这里狄拉克也只是轻描淡写了一下。

　　也许是因为他腼腆和沉默寡言的性格，抑或是他对技巧的注重，狄拉克远没有其他 21 世纪一些标志性的物理学家著名。但是他的特殊逻辑思维方式和他善用数学的大脑使他比别人更清楚地认识到了量子理论所表达的更基础原理。1930 年以后，他牵头了很多项远超于他的时代的研究方向。最重要的是，他对简单原则不妥协的追求和他对知识的绝对忠诚还在一直鼓舞着我们去完善他的公式。

· · · · · ·

即使再漂亮，我们也知道这个魔法公式并不是对自然的终极解释。我们已知存在的暗物质和质量微小的中微子都不在这个公式中。当然，改变公式将它们包含其中并非难事，但是我们需要更多的实验来决定到底哪一个是应该被包含的。

这个公式不是最终结果的第二个原因是因为从美学的角度来考虑它只是表面上的"统一"。隐藏在这些紧凑的符号下面有 19 个可调解的参数，每一个都是来源于实验的。

这个公式还有一个更深远的逻辑上的漏洞。从 20 世纪五十年代开始，研究就发现，在量子电动力学和弱电理论中，真空的扰动可以影响近距离的物质粒子上的有效电荷数，进而导致理论的不一致性。这个问题以俄国物理学家列夫·朗道的名字被命名为"朗道幽灵"。

这个问题在 1970 年"大统一"理论提出时被避免了。当时的主要想法是将格拉肖、萨拉姆和温伯格的弱电力与格罗斯、普利策和维尔切克的强核力组合成一个统一的力。同时，所有已知物质粒子也会组成一个大统一粒子。新的希格斯场将会分离强核力和弱电力并区分不同的物质粒子。这些理论克服了朗道的问题，在一段时间里，除了引力外，它们似乎对其他已知物理力都可以达到数学平衡。

进一步的鼓舞来自计算强力和两个弱电力在极小范围内的变化。三种力似乎在质子万亿分之一的极小尺度内是一致的。在一段时间内，无论是从美学和逻辑学以及观测的数据的角度都表明这个大统一的想法是很有吸引力的。问题出在细节上。我们可以有很多个不同的大统一理论，每一个都有不同的场和对称性。涌现出一大批需要与观测数据吻合的可调节参数。早期发现的可能预示统一的实验在测量精度提高后也不再成立。大统一理论的目的是使物理原理更简单而美丽，但目前它却变得越来越复杂和任性。

　　另一个质疑大统一理论的原因是它的最重要预言还没有被观测到。如果在最根本的层面上只存在一种粒子，而我们观测到的不同粒子是由于处在真空中的希格斯场，那么就应该存在一种物理过程使得一种粒子通过量子机制在大统一的希格斯场中穿梭时变成了另一种粒子。质子衰变就是这样一种过程，它使得原子核中的一个基本组成部分衰变成更轻的粒子。如果这个预言是正确的，那么所有的原子最终都会消失，当然这个过程是非常缓慢的。很多年来研究人员利用可以观测到原子核衰变的高灵敏度的光感探测器在巨大的盛有清水的水池中搜寻这种过程的信号，至今为止都没有找到。

　　对大统一理论质疑的最重要原因是它忽视了引力。考虑比大统一尺度小 1000 倍的尺度，我们达到了普朗克尺度，它是质子大小的千万亿分之一，这时在这个微小空间内的真空涨落就会给爱因斯坦的引力理论制造混乱。当我们向短波段移动时，量子扰动就更加无法控制，时空会扭曲到我们无法再计算其中的任何物理量的地步。虽然爱因斯坦的理论看上去很完美，但是我们认为在大统一理论的公式中，它只是一个替代品。我们需要新的数学理论来理解时空在极小空间的性质。

　　公式最后一项是希格斯场的势能 V，它对我们来说也是一个迷。在宇宙中势能的贡献和真空涨落的贡献之间存在着一个非常微妙的平衡，这个平衡导致了微弱的正的真空能量的存在。我们不知道这个平衡是如何实现的。我们可以微调 V 的值到小数点后的 120 位，使得公式与观测值相吻合。但是我们对其中的原因却摸不着头脑。

　　总结一下：所有已知的物理理论在某种层面上可以统一到一个公式中，这表现了物理理论在最根本上的强大联系。这个公式对很多物理现象给出高精度的解释。但是除了它会导致粒子和力的随意状态，并且由于量子扰动而在极小空间不成立以外，它还有两个致命的缺陷。到目前为止，它既无法解释宇宙开始时的奇点，也无法解释宇宙空无一物的未来。

　　在实际工作中，物理学家很少使用整个公式。大部分的物理研究基于某些近似方法，我们知道哪部分公式是可以忽略的，从而使留下的那部分公式更简单明了。不管怎么说，有很多基于这个大统一公式的预言已经被证实了，有些还是在很高的精度下。例如，一个自转的电子会有类似条状磁铁的性质。大统一公式可以把这个小磁条的强度计算到千亿分之一的精度，并且和实验数据是吻合的。

　　对于稍微复杂一点的系统，比如复杂的分子结构，玻璃或铝的性质，流动的水，即使我们相信我们所要的答案都包含在这个公式里面，但我们掌握的数学工具还不够强大，以致我们无法对它们的所有性质做出预言。在不远的将来，随着量子计算机的发展，我们的计算能力将彻底改变。也许到那时我们就可以直接把这个魔法公式转换为各种物理现象的预言，而这些就我们现有的计算水平而言是根本无法想象的。

　　无法描述的宇宙的起点和同样令人困惑的宇宙的未来，这两个最基本的问题应该如何来解决呢？统一公式的最受欢迎的替代者是第三章提到的与之截然不同的弦理论。弦理论的发现很偶然。1968 年，意大利的青年学者加布里尔·韦内奇亚诺正在位于日内瓦的欧洲核子研究中心做博士后。韦内奇亚诺并没有在研究统一理论，而是试图解释原子核碰撞的实验数据。偶然的机会，他使用到了一个非常有意思的数学公式，这个公式是 18 世纪瑞士数学家莱昂哈德·欧拉发现的，而欧拉的数学发现正是统一理论公式的中心组成部分。

韦内奇亚诺发现，他可以利用欧拉的 β 函数以一种全新的方式来描述原子核粒子的碰撞。韦内奇亚诺的结果起初引起了人们极大的兴趣，特别是人们发现韦内奇亚诺描述的粒子似乎像是很小的量子化的弦，与量子场中描述的现象完全不同。但是他的结果最终没能够成功描述核物理。取而代之的是强核力与弱核力的场论，而核粒子被认为是复杂的各种场被真空涨落聚集在一起的产物。但是弦理论的数学原理部分是非常有趣和丰富的，在 20 世纪七十年代早期，它得到了迅速的发展。

弦可以被想象成一个理想的橡皮筋。它既可以是有头有尾的一段，也可以是封闭的一个橡皮圈。波以光速沿着橡皮筋传播。一个弦可以以任意的震动或旋转的形式存在。弦理论最吸引人的一点就是它采用一个统一的概念"弦"来描述系统无穷尽的变化。因此弦理论是一个高度统一的理论。

1974 年，法国物理学家乔伊·谢尔克和美国物理学家约翰·施瓦茨发现一个不停旋转的闭合的环状弦有和引力子相似的性质，引力子是爱因斯坦引力理论中的基本量子。弦理论自然地为量子引力提供了解释，这是完全没有想到的结果。更让人意想不到的是惯常演绎量子引力理论时的无限大问题在弦理论里是不存在的。在 20 世纪八十年代中期，当人们对大统一理论渐渐失去信心时，弦理论成为了统一一切理论的又一可能。

我在第三章中讲过，弦理论的特点就是它需要额外的维度。除了我们熟悉的三个空间维度长宽高外，最简单的弦理论要求六个额外的空间维度。M 理论还需要多一个维度，总共七个额外空间维度。弦理论的六个额外维度形成一个小到我们注意不到的球。M 理论中的七个维度更加有趣。它形成两个三维的空间外加一个连接它们的间隙。这个结构是我在前面一章解释的循环宇宙的基础。

但是弦理论给统一力的理论带来的希望正在一点点消退。主要的问题在于，和大统一理论一样，弦理论本身过为随意。一个六维或着七维空间几乎可以以任意的形式存在。每一种空间形式导致在三维空间中不同的粒子和力的组合。绝大多数的这些组合是完全不符合实际的。但是，很多研究人员还是希望能够通过搜寻弦理论所描述的各种可能的"场景"找到最合适的那个。有些人甚至认为各种可能的宇宙都是同时存在的，但是只有一个宇宙对我们是可见的。这个被称为"暴胀的多宇宙"的理论恐怕是科学历史上最离谱的提议之一了。

我个人认为，现存的弦理论都是非常不符合现实的，因为它们都无法解释我之前讲到的宇宙初始的奇点问题。弦理论现有的宇宙模型都是所谓的空宇宙模型。对这些空宇宙能否最终形成我们这个充满物质和辐射的宇宙都存在着严重的质疑。

与其构思"多宇宙"性，不如集中精力试图揭开围绕我们现有的宇宙的起始奇点和未来的谜团。弦理论是一个强大的理论工具，它已经为量子引力提供了新的视角。但是要想令人信服地描绘我们的宇宙它还需要许多改进。

弦理论的现状在一定程度上反映了基础物理在 20 世纪的发展。量子物理、时空观念和广义相对论这些伟大的理论都出现在 20 世纪的前半页。在那时的辩论都是具有丰富的哲学性的，虽然论文和学术会议不如我们现在的多，但是这些思想的原创性却远远高于我们。在 20 世纪二十年代后期随着量子理论和量子场论的诞生，研究的重点慢慢向技术方面偏移。物理学家越来越重视理论的应用，他们逐渐变得越来越像技术专家。他们并不需要革命性的理论就可以把物理学应用到极小或极大的尺度。

物理学成为了孕育新技术的肥沃土壤，从核能到雷达和激光，再到晶体管、LED、集成电路和其他设备以及医学上的 X 光片、PET 和 NMR 扫描，甚至是超导火车。粒子加速器在高能领域也做出了惊人的发现，比如夸克、强力和弱电力以及最近刚刚发现的希格斯玻色子。宇宙学成为了真正的观测科学，致力于观测整个宇宙的卫星正在以极致的精准度工作。物理学似乎正在向着那个所有自然规律的最终答案加速挺进。

　　20 世纪八十年代的物理学界，物理学家信心满满，认为自然规律的终极答案已经触手可及，但是这种狂热来得匆忙去得也同样匆忙。发表的论文和论文的引用数迅速地提升，学术研讨会不胜枚举，但是真正的创新思想却少之又少。处于主流的大统一理论和弦理论始终不尽如人意。同时，基于这些不完整理论而构建符合现实的理论模型的巨大压力也一样另人不满。

　　现代物理学的发展在我看来有些像普朗克和爱因斯坦在 20 世纪初时在经典物理中发现的紫外灾难。它们是刻板的思考方式的后果。我认为，无论是人为的数学构成还是来自对数据的特定拟合，物理学都是该远离这些人为的模型的时候了。我们应该寻找新的统一的原理。我们应该对我们已有的发现以及它们的局限性更加珍视，并且找到一个新的方法去理解和超越这些局限性。

　　从爱因斯坦对引力的描述，到狄拉克对电子和其他粒子的描述，再到费曼公式对量子力学所有可能状态的总结，我们这里谈到的大统一公式中的每一项都是想象力巨大飞跃的结果。我们需要为这样的飞跃创造条件。我们需要营造一种鼓励对深刻问题进行探讨的氛围，从而使得类似于爱因斯坦和玻尔那样的哲学深度与海森堡和狄拉克这样的技术上的聪明才智相结合。

　　我一直在强调，物理学中的某些巨大贡献来自于出身平凡的人，他们常常是因为一些偶然的机会开始研究这些最根本的问题的。他们的共同之处在于他们都能够跟随逻辑思考大胆地进行推导并得出结论，他们能够发现他人所看不到的现象和规律之间的联系，探索未知的领域，试验全新的思想。这种大胆所产生的认识上的飞跃是日常生活的经验积累所无法比拟的，它远远超越了我们所处的环境和历史，但是这些飞跃仍是为我们所有人可分享的。

. . . .

在学校里，我们教学生代数和几何，牛顿定律等。但据我所知，没有人告诉学生物理学已经发现了描绘宇宙的草图这个事实。虽然学生理解公式的含义和重要性需要很多年，但是我认为让学生一开始就了解我们在决定宇宙性质的基础定律上的长足进展，对学生将是一个巨大的鼓舞。

我认为，公式以它所具有的和谐性和完整性的特点具有很重要的象征意义。太多时候，我们看到当今的社会被自私的行为和顽固的教条所驱使，一方面是来自一些组织和个人对短期利益的追求，另一方面是来自那些貌似可以解决一切问题的预先设计好的系统的要求。传统的解决方法倾向于一种非人性的实施方式，它们大部分在过去都以失败告终。在我看来，我们正在进入一个探索人类需求和持续减少的有限自然资源之间相互关系的时期，我们需要找到一种更理性的行为方式。

也许物理学的公式提供了一些有用的准则。也许只有考虑了所有可能，我们才能找到社会发展所应采纳的正确路径。就像量子理论搜寻所有的可能然后选择一个符合某种"益处"的路径一样。同样地，我们的社会作为一个整体也要变得更具有创造性和更好的回应性。我们不能把世界当成是一台机器，我们可以把它调到某个完美的状态，然后就可以抛到脑后了。我们也不能以自私或教条来指导社会的进程。相反地，我们应该吸取各方面的信息，考虑各种方案，放眼未来选出最好的一个。

我们的语言、民族、宗教信仰、性别、政治派别和文化都可作为给某人打上标签的依据。当然我们应该庆祝我们的多元性并从中汲取力量。但是当互相交流的需要越来越重要时，这些不同性则可能带来困惑、误解或紧张。我们需要更普适的方法，而我们对宇宙的最基本了解是个很好的例子。宇宙是我们共同生活的地方，我们克服了彼此之间的不同，找到了目前为止对这个世界最可靠也最具有文化交织的特性的描述。这里只有一个狄拉克公式、爱因斯坦公式或是麦克斯韦公式，每一个公式都是简洁、准确而强大的。任何背景的人都会感受到它们的魅力。即便是这些公式失效的条件也是我们大家所公认的。

　　我觉得现在公式的失效正是开启未来科学突破的钥匙。那些对过去做过最重要贡献的人，有很多都是在社会中最先投身到严肃的科学研究的人。很多人面对了歧视和偏见。在克服这些障碍时，他们需要证明自己的观点，而这一过程使得他们有勇气去质疑传统的思考方式。在第二章中，我们提到，很多 20 世纪最卓越的物理学家是犹太人，但是在 19 世纪中期前的欧洲，很多大学是刻意将犹太人阻挡在科学和技术专业之外的。当他们最终被允许学习科学和技术时，他们的巨大动力来源于要证明犹太人并不比任何民族的人差。爱因斯坦、玻尔、玻恩和诺特就是当时这个新兴力量的代表，他们在 20 世纪初彻底改变了物理学。

　　这又把我们带回到大统一的问题，这里我即指横跨全球的人与人的关系也指决定整个宇宙运行的自然规律。寻找超统一理论是一个极端野心勃勃的目标。乍一看来，我们似乎毫无希望，同环绕我们的庞大宇宙来比我们是那么的渺小与微弱。我们唯一的工具是我们的大脑和智慧。但是这已经使我们取得了很大的成就。我们现在有 70 亿个大脑，众多的新兴经济体和社会，这是一个拥有巨大潜力的智慧的金矿。我们所需要的是为有才华的年轻人开辟一条道路，无论背景如何，他们都可以投入科学研究并做出贡献。如果我们能提供这些机会，我们就可以期待这些充满积极性和原创性的年轻人做出具有改革性的贡献。

　　最终，我们到底是谁呢？依我们目前所知，我们是由物质和能量组成的具有意识的生物体，我们在宇宙中是非常少见的。对于我们的起源，我们已经掌握了很多知识。比如宇宙是从一个充满热等离子体的奇点演化来的，化学元素在大爆炸、恒星和超新星中形成，引力和暗物质使得分子和原子聚集形成星系、恒星和行星；地球冷却形成了湖泊和海洋，为第一代生命提供了原始汤。我们不知道生命究竟是如何开始的，但是一旦第一个具有自我调节和自我复制功能的有机体形成了，它就成为了生命中携带

DNA- 蛋白质组织，并通过繁殖、竞争和自然选择逐渐进化出越来越复杂的有机体。现在我们人类正站在新的演化阶段的边缘，科学技术将和生物学起到同等重要的作用。

当然，我们有很多重大的谜团要解开。为什么大爆炸后宇宙中的物理原理允许重元素的形成和复杂化学的存在？为什么这些原理允许行星绕转恒星，并且行星上有水、有机分子、大气和其他生命存在所需的要素？为什么 DNA- 蛋白组织被原始的单细胞有机体的进化过程中被选择和发展，并且最终可以编码组织像人类这样复杂的生物？人类的意识又是如何出现的呢？

在宇宙进化的每个阶段，宇宙所拥有的资源都可能远比进入下一阶段所必需的要多。当今，这更是事实。我们对宇宙的理解不断加深，远超过100 年前任何人的想象。也远不是用过去的进化所带来的优势可以解释的。我们无法知道我们会发明什么样的新技术，但是如果参考过去的历史，我们可以断定它将是不同凡响的。商业性的空间旅行就要成为现实。量子计算机就要制造成功，它们很有可能为我们带来对周围事物全然不同的体验。这些能力是简单的随机事件吗？也许我们只是为未来打开大门的人？也许由于我们的存在使得宇宙将具有自我意识？

第五章
前所未有的机遇

> 如果一个事物存在，
> 与它相对立的事物也就存在，
> 这是万物的规律；
> 对它们的存在这一罪责的谴责，
> 最终会使其彼此互相消灭，
> 从而延续了亘古不变的法则。

——阿那克西曼德[1]

阿那克西曼德的格言在当今可以理解为：我们的世界在不停地变化，但是我们的未来还是平衡的。

我们全球人口已经达到 70 亿并且还在持续增长。我们正在耗尽我们的能源、水、肥沃土地和矿产。我们破坏了环境导致一个个物种相继灭绝。我们陷入了人为造成的经济危机和政治危机之中。有时看上去，我们建立在科学技术发展上的日常生活和社会正带着我们撞向灾难。很多人对未来茫然无措，担心人类发展已经接近了尾声。

我们个人的作用从未像现在这般巨大。我们很多人都可以在任意时刻与生活在地球任意角落的合作者、朋友或家人交流。这些相互沟通的能力促进了阿拉伯之春这样的新的民主运动，也使得维基百科这样依靠众人贡献的百科全书网站成为可能。它促进了全球化的科学合作，使得人们在地球的任意角落都可以使用开放的高品质的网上课堂或讲座。

互联网虽然有很多迷人的地方，但是它在根本上是非人性化的。我们花费越来越多的时间在电脑和智能手机上，通过电子邮件、社交媒体、博客和推特等来经营我们的个人和职业生涯。过度的数字信息把我们变成了机器人、工作狂和被动消费者。数字信息的冰冷物理形式强迫我们使用有悖于人类本性的方式来交流。我们的本性更倾向于接受模拟信息，但是却不得不采用压缩成数字流的方式。怪不得喜剧演员路易斯·C.K.最近说道："一切的事物都是那么的不可思议，但没有人感到开心。"[2]

巨大的经济转变正在进行中。一方面西方国家政府开始介入以支持自身金融系统，另一方面中国的经济正在世界最大的市场驱动下快速发展，旧的政治规范已经变得不再重要。信息成了新的能源，谷歌、亚马逊和Facebook这些以信息为基础的知识产业公司在很多发达西方国家开始替代制造业。西方社会的结构发生了变化，不再是旧时的工人与企业主的分化而是经济上活跃的精英分子和剩余的被边缘化的人之间的分化。

当事情变化很快时，只做短期考虑是很普遍的。就如同我们驾驶着一辆超速的汽车在大雾中穿梭，我们必须不停地变换方向试图避过地上的坑洼、路上的障碍和迎面驶来的汽车，我们无法预见潜在的危险而只能是满怀焦虑。政客们通常想的只是下一次大选，而科学家通常也只会考虑下一笔要申请的科研经费。

在这一章里，我想谈谈我们人类的未来。不久的将来，我们和我们的孩子的生活方式将会发生巨大的改变。未来到底如何取决于我们现在的决定和发现。我不想在这里做什么预言。我也不会尝试着规划我们的生存模式。这种非常务实的任务还是需要那些经验丰富又肯奉献的人来制定。

　　我想退后一步，暂时忽略现实存在的各种问题和我们的焦虑，来思考一些更加基础和长远的问题，也就是有关我们人类自身特性的问题：我们对人类在宇宙中的地位的认识会如何变化？我们自身会产生什么样的变化？谈论未来常会让我们感到不安。爱因斯坦说："我从不考虑未来，它已经来得够快了。"我们并不彻底地了解我们到底是谁或我们能做什么。我觉得就好像站在一个高高的悬崖边上，越过峭壁试图通过浓雾瞥见崖底。那里是清凉而美丽的海洋，还是参差不齐的岩石呢？但是无论如何，我也是要跳下去的。

　　我们现在可以展望的科学成果可能会把拥有个人意识的人类更加拉近现实的自然界。人类的思想和本性、科学与社会、智慧与情感、人类与宇宙之间的差别都有可能会消失。我们不但能够更清晰地了解宇宙，而且能够更深入地理解宇宙。随着时间的推移，这些知识也会改变我们。上述的这些可能性都是令人惊叹的，我希望它们能够激励我们展望一个更鼓舞人心的未来。

　　考虑宇宙问题似乎看上去有些逃避现实，或者说是种奢侈的行为。宇宙问题难道能解决世界的饥饿问题、碳排放问题或国家债务问题吗？但是纵观历史，从阿那克西曼德和毕达哥拉斯到伽利略和牛顿，宇宙用它拥有的无穷无尽的奇迹激励着我们接受挑战，追寻它的秘密。人类探索奥秘的激情从未消退过，正是这种精神使得我们制造出了迄今为止最强大的显微镜——大型强子对撞机和看得最远的望远镜——普朗克卫星。它们的结果是一个包含自然界所有的力和粒子的数学模型，并且从远小于原子核的尺度到整个可见宇宙的尺度都做了精密的测试。我们大体上了解宇宙的演化过程，从最初的几微秒到今天散布着上千亿的星系的太空。希格斯子这个用来描述物质粒子和力是如何获得它们各自的特性的机制粒子的存在也刚刚被证实。它的发现无疑又为物理学的王冠增添了一颗明珠。

希格斯子这种基本的发现的重要意义要经过很长时间才能充分认识到。这些发现越基本，它们的影响也就越深刻。量子物理是在 20 世纪二十年代建立的，但是直到六十年代它对我们现实自然界的作用才开始被充分地体会到。我们一直以经典理论的方法来认识宇宙，认为宇宙就是一个充满确定物质的巨大舞台，事物从这一秒到下一秒的变化也是不变的。这是由牛顿、麦克斯韦和爱因斯坦所发展的经典物理决定下的宇宙。

量子理论的预言与经典物理描述的宇宙是不同的，但是试验证明它是正确的。根据量子理论，自然界一直游离于经典物理下的所有可能状态之中，我们观测到的只是某种几率下的一种状态。量子世界的描述需要借助 -1 的平方根这样的奇怪的数学概念。但是在这些数学概念出现时我们并未感觉到它们的重要性。直到现在，这些基础的发现对技术的影响才显现出来。

同时，基础研究正在不断寻找新的领域以扩充我们的知识。我们现在所看到的一切都从宇宙起始时演化而来。虽然我们现在有关宇宙的理论看上去很成功并且具有深远的影响，但是它在有关宇宙开始时的奇点问题还是完全失败的。同样地，我们现在对宇宙的理解也很难对宇宙的未来做出解释。真空能量，这种在虚无一物的空间中存在的能量是由量子效应控制的，它在宇宙能量中已经占有主宰地位。在随后的几百亿年间，互斥引力会加速宇宙空间的碰撞，我们现在所见的星系都会被移动到可视宇宙之外。就像阿那克西曼德说的那样，我们的世界是瞬息万变的，它的出现是由物理规律所决定的，现在同样的规律正在导致它一点点消亡。

众多 20 世纪的理论都在努力解决有关宇宙的诞生和它的最终命运的问题。弦理论是这些统一理论的领跑者，它拥有令人兴奋的数学特性，使得它有可能涵盖所有已知的粒子和力。但是，弦理论同时引进了很多额外的微小的以至于不可见的维度，它们的性质决定了我们所能观测到的粒子和力的性质。不幸的是，弦理论无法对这些额外的维度的配置做出确定的预见。就我们现在的理解而言，这些配置的可能特性是不计其数的。宇宙存在一组可见的维度，而对于每一种可能的配置，宇宙中的粒子和力都是不同的。弦理论预见的是一个"多宇宙"而不是一个唯一的宇宙。弦理论从解释所有现象的理论，变成了解释任何可能现象的理论。

虽然所有的弦理论都假设宇宙存在一个起点，但是大部分弦理论学家都避免直接讨论大爆炸奇点问题。他们通常认为宇宙在奇点之后很快就诞生了，至于这个过程中宇宙采用的是无数种可能的方式中的哪一种并不是他们关心的问题。他们对宇宙的演化是从宇宙诞生后开始的。事实上，普遍接受的观点认为宇宙的起源和开始就像是两堵墙，物理理论根本无法探求它们的本质。

在我看来，宇宙的开始与未来为我们提供了最重要的线索，从中我们也许可以超越现有的模型找到更好的描述宇宙的方式。在第三章中我谈到，从理论上我们可以考虑宇宙为一个量子系统，这时的宇宙和我们通常认为的就很不一样了，在量子系统中我们可以穿越大爆炸的奇点到达我们之前的宇宙，类似的紧跟着未来的真空宇宙的将是下一个大爆炸。如果这个理论是正确的，那么时间就既没有起点也没有终点，无论是追溯过去还是展望未来，宇宙都是永恒的。

· · · · · ·

我们的社会已经到达了一个重要的阶段。我们获取信息的能力已经达到了一个危险的临界点，信息采集的速度将要超过信息处理的速度。计算机和网络的能力正在呈指数增长，虽然这为我们提供了更多的机会，但是它们的增长已经超过了人类可以处理的能力，由此改变的交流方式使得人与人之间越来越疏远。我们被电子信号、无线电波传输的信息所淹没，而这些信息已经沦为了数字化的、只局限于字面含义的形式而且几乎不需要任何花费就可以被再次生成和传播。但是在技术上是不会对有用的和垃圾信息进行划分。如此一来丰富的数字信息让我们眼花缭乱也分散了我们的注意力。它使我们远离了复杂的、不可预期的和充满激情的人类本性。

我在之前认为物理学界在 19 世纪末所遭遇的"紫外灾难"对现代物理具有象征意义，其实它在更广泛的领域也具有象征意义。麦克斯韦的电磁场辐射和光波理论是物理学上的胜利，它采用最美丽和强大的数学工具来描述现实的自然界。它暗示光波的波长是可以从零到无穷大的。在任何一个现实存在的系统中，如果物体之间的热和电磁场不停地交换能量，麦克斯韦的理论就会导致灾难。任何一个热物体或任何一个绕转原子的电子能够以无限的速率辐射电磁波，这就导致了灾难性的不稳定物理系统。

为了解决这个问题，普朗克跳出了牛顿、麦克斯韦和爱因斯坦的经典物理系统。最终我们不得不放弃时空是被确定的事件包含着的几何竞技场的传统观念，而接受它是粒子和波构成的。我们也不得不放弃我们可以对一个物体进行准确描述和我们可以测量和预见一切的观点。取而代之的是一个更抽象和全面的理论，虽然它削弱了我们对现实的认知和想象的能力，但是同时也给予我们一个全新而有力的描述和预见未来的工具。

同样地，我相信我们也应该从"数字时代"信息泛滥的特性中脱身出来。我们已经看到很多人只是在互联网信息海洋中"冲浪"。这样的行为替代了对事物更深入更全面了解的愿望。在这个信息一掠而过的社会想精通某件事情似乎是不现实的。实际上，在更高层面上的思考比任何时候都重要。我们需要培养更精确的洞察力和判断力来过滤、选择和辨认机遇。来自世界各地的人们协同工作，他们分享各自的想法和理念，共同著书，甚至一起构建数学上的论证，这些相互合作将逐渐成为研究工作的主流方式。

从这个角度看，我们在学校的教育方式好像是严重落伍了。年轻人不再需要记住所有已知的定律，这些都可以在网上查到。他们最需要的技能是如何独立思考，选择学习的内容，生成新的想法并同他人分享。他们需要掌握如何发现重点，从大局考虑问题，如何从知识的海洋中发现他们所需要的东西，如何同他人合作以及如何在新的方向进行更深入地研究。在我看来，我们需要创造一个古希腊哲学论坛或 18 世纪时苏格兰教育体系的现代版本。在这里，基础的原理和知识会作为质疑和辩论的内容，原创性和人性被放在真理之前成为判断优秀学生的最高标准。

我们对物理学在过去社会发展中的影响几乎已视而不见，这是因为它的发现已经渗透到了社会的方方面面。牛顿力学导致了我们机械式的学习方式，也造就了现代的工业时代。我们都深切感受到了数字革命对我们生活的改变。计算机进入了我们的学校和办公室，替代了车间的工人、矿工和农民。它们改变了我们工作、学习、生活以及思考的方式。这些新兴的科学技术是哪里来的呢？它们同之前的技术变革一样来自于人类理解和创造发明的能力，来自于我们大脑中的宇宙。

20 世纪，电力成为了现代社会的生命线，物理学造就信息时代的故事也随之开始。在当时，电灯泡、收音机、电报和电话都需要能够快速、安全和可预知的传输电力。约瑟夫·约翰·汤姆逊在 1897 年对电的性质给予了解释，并且开始研制电子管。

在 20 世纪的大部分时间，电子放大管是制造收音机、电话设备和很多其他设备的必需部件。它的组成包括一个密封的玻璃管和里面的金属丝。当温度升高时，金属丝会释放出大量的电子。带负电的电子会涌向玻璃管另一端的带正电的金属片，从而形成电流。这个简单的器件被称为二极管，它使得电流只可以朝一个方向流动。另一种更复杂的结构是在正负极加入一个或多个电子栅极。流动的电子可以通过变换栅极上的电压来控制，如果配置合理，电压上的很小变化就会导致电流的很大变化。这是一种放大器件，就好比是用水龙头控制水流，轻轻地来回旋转水龙头就会导致大幅度地水流快慢的变化。

收音机、电话、电报、电视和第一代计算机各个领域都用到了真空管。

但是它们也有很多局限性。它们的体积大并且需要预热。它们耗能高并且会发热。由于使用玻璃，它们份量重还易碎，并且生产成本高。它们的噪声还很大，所有使用它的电子设备都会发出"嗡嗡"的背景噪声。

在第一章里我回顾了苏格兰的启蒙运动和随之产生的在教育、文学和科学上百花齐放的景象。詹姆斯·克拉克·麦克斯韦就是那个时代的代表人物。与他同时期出现的还有著名的工程师詹姆斯·瓦特、威廉姆·默多克和托马斯·特尔福德；数学物理学家彼得·加里斯·泰特和威廉姆·汤普森（卡尔文爵士）；作家沃尔特·斯科特爵士。另一位步麦克斯韦后尘在爱丁堡大学学习的是亚历山大·格兰姆·贝尔，他后来移民到加拿大，在安大略省的布兰特福特发明了电话，从而使全球通讯成为可能。

贝尔深信科学研究的深远意义，1880年他的公司开办时他就建立了一个研究实验室。这个实验室被命名为贝尔实验室，它后来发展成为了美国AT&T通讯公司的发展和研究部，并且成为历史上最成功的物理研究中心之一，走出了七位诺贝尔获奖者。[3]

在贝尔实验室，科学家们被赋予了巨大的自由权，他们没有教学的任务，他们的唯一挑战就是从事杰出的科学研究。它的带头人是富有远见卓识的默文·凯利，他为贝尔实验室规划的目标是成为创新科技学院。在这里，物理学家、工程师、化学家和数学家并肩工作，他们甚至可以从事"没有确定目标，长年都可能没有结果"的研究工作。[4] 他们的研究成果有最基本的信息通讯理论和第一个蜂窝电话，也有第一次探测到的大爆炸辐射。他们发明了激光、计算机、太阳能电池、图像传感器和第一代量子材料。

量子理论的一个成功是解释了为什么有的物质可以导电。固态的物质是由大量原子码放在一起形成的。每个原子都由一个带正电的原子核和以原子核为中心绕转的带负电的电子云形成。每个原子最外层的电子受到原子核的束缚最小。在金属等导电的物质中，这些外层电子处在自由游移的状态，不受原子核束缚。就如同充满房间的空气分子，这些电子在这块金属中不停地撞来撞去。如果把这块金属接在电池上，这些自由电子就会沿着同一个方向从金属的一端移动到另一端形成电流。在不导电的绝缘物质中没有自由的电子，所以也就没有电流通过。

第二次世界大战后不久，凯利组建了一个固态物理研究组由威廉姆·肖克利带队。他们的目标是利用导电性能不好的半导体作为真空管的廉价替代品。当时半导体已经被运用在"点接触"电子二极管上。这种二极管中有一个被称作"猫胡子"的细细的金属针与一片晶体半导体（通常是硫化铅或方铅石）接触。在半导体的表面上的一些特殊点，这个触点就像二极管一样只允许电流沿一个方向流动。早期的"晶体"收音机就是使用这种二极管将"调幅"AM 收音机信号转换成直流电，再传输到耳机或听筒。在 1930 年，贝尔实验室的科学家就试验了晶体二级管在极高频电话通信中的应用。

在战争期间，很多研究都致力于纯化半导体去除其中的锗和硅。当时的理论认为除去半导体中的杂质可以降低电子噪声。[5] 但是最终的发现表明，晶体二极管性质正是取决于在半导体中的杂质。控制杂质是控制精准电流的关键所在。

战争结束不久后，肖克利试图使用半导体制造晶体管，但是失败了。当凯利邀请肖克利领导固态物理小组时，肖克利把理论物理学家约翰·巴丁和实验物理学家沃尔特·布拉顿招进了小组。他们两个人进行了有关"点接触"的实验。为了让电荷可以在晶体中流动，他们掺杂了非常低量的锗在晶体中，并且设置了两个金触点。

最初，他们对实验产生的表面现象很困惑，而这个表面问题只有将整个晶体管全部浸在水中才可以消除，这显然是不能用在电器设备中的。他们的研究工作持续了两年，并在 1947 年 11 月和 12 月两个月终于有了突破。他们用金箔将一块三角形的塑料包裹上，并且从三角形一端将金箔切开。然后，他们把金箔包裹的一头插入了锗中使得电流可以从半导体中通过。实验结果发现从触点一端经过锗到达另一个触点时电流被放大了，就如同旋动水龙头控制水流的大小一样。[6]

晶体管的发现将我们带入了现代电子时代。巴丁、布拉顿和肖克利也因此而获得了 1956 年的诺贝尔物理学奖。他们的"触点式"晶体管很快被"结式"晶体管所替代，最终硅成了主要原料。没过多久他们的研究小组就解散了。巴丁去了伊利诺伊大学，他在那里的工作为他赢得了第二个诺贝尔奖。肖克利搬到了加利福尼亚州，成立了肖克利半导体公司。他招募了八位才华横溢的年轻人，但是他们很快自立门户成立了 Fairchild 和 Intel，拉开了硅谷时代的序幕。

晶体管可以复杂地、精确地并且可靠地控制电流。它们的生产成本很低，并且很容易越做越小。现在，要生产更快和更强大的计算机主要依赖于集成越来越多的晶体管在一个微处理器芯片上。

在过去的 40 年中，一个 1 平方厘米的芯片内的晶体管数每两年就翻一番，这就是著名的摩尔定律。信息和通讯产业的迅猛发展建立在芯片的发展上。现在一个普通的智能电话或电脑的 CPU 上就有几十亿个晶体管。但是一个芯片上可以放置的晶体管数目是受原子大小和海森堡不确定原理限制的。按照摩尔定律，再过 10~20 年，晶体管的数目就会达到最终上限。

现代的计算机，信息由包含 0 和 1 的字符串组成，它们以正负电荷的构成、电流或磁化物质状态的形式来储存。它们的处理按照计算机程序中指令相应的电信号来完成。通常，每秒钟都有几十亿的内存单元执行着几十亿的指令。0 和 1 必须正确地储存，数值的改变必须是精准的，而改变存储数值的方法也必须是确定的，这些对计算机指令的执行都是至关重要的。

现存的问题是计算机的内存特别是移动的电子并不好控制。按照海森堡的不确定性原理，如果我们确定电子的位置，它的速度就变得不确定，我们就不知道它的下一个位置会在哪儿。如果我们固定速度，也就是控制电流，电子的位置就不确定了，我们就不知道它去了哪儿。当研究大数量的电子时，这个问题并不重要，因为我们只需要知道平均的电荷数或电流就可以控制电子设备，而且对于大量电子我们是可以很准确地推算出它们的这些性质的。但是，当电流环路小到只涉及几个电子时，它们的不可预见性在计算机操作中就成为了最主要的错误或"噪声"的来源。现在的计算机用 100 万个原子和电子来储存一个比特的数据。但是在 IBM 的实验室中，科学家已经研制成功只要 12 个原子的储存器，称为"原子尺度内存"。[7]

量子不确定性就好比是现代版的半导体不纯净性。最初这种不纯净性为讨人嫌，很多经费被用于研究如何去除这些杂质，直到后来的研究发现控制这些杂质正是研制经济又可靠的晶体管的核心。相同的事情正发生在"量子不确定性"上。就传统的计算机而言，量子不确定性就是个讨人厌的东西，它带来的是不可去除的噪声。但是一旦我们掌握了如何去运用"量子不确定性"而不是避开它，我们就将打开一个崭新的视界。

1984 年，我在加州大学圣芭芭拉分校做博士后。伟大的理查德·费曼要来做一个有关量子计算机的报告。费曼是我们的英雄，这是个见到他本人的大好机会。费曼的报告集中在计算能力是否有极限这个问题上。有些科学家猜测既然每个计算机的运行都需要一定的能量，那么计算机的计算能力也应该有一个终极上限。费曼对这个论点很有兴趣，并且给出如何克服这个可能的计算上限的方法。

他的论点包括几个方面。其中一个是"可逆转"计算机不会抹去（覆盖）它的内存中的任何信息。这样就可以克服能量极限的问题。另一个新颖的想法是如何用真正的量子方式来计算。我还清楚地记得他挥舞着双臂（他是一个很喜欢在观众面前表现的人），给我们解释量子过程是如何可前可后，提供不多不少刚刚好的能量的。

费曼的报告是完全基于理论的。他并没有讲制造这样一个设备。他也没有给出任何实际的例子来说明什么是量子计算机可以做而传统计算机无法实现的。他讨论的理论也很基础，大部分都可以在现代教科书中找到。实际上，几十年前就可以得出他的这些论点。这就是量子理论反直觉的特性，新的不可预料的含义还在不断涌现。虽然费曼没有提出使用量子计算机的具体例子，但是他使人们意识到了量子计算机的可能性。渐渐地，越来越多的人投入到了有关量子计算机的研究中。

1994 年美国数学家彼得·肖尔有了一个"惊天动地"的发现（我们一点也不该奇怪他的结果出现在他在贝尔实验室的工作期间）。他的研究表明与传统计算机上的任何算法相比，量子计算机都可以以更快速度找到大数字的质因子。这个结果在很多方面产生了巨大的震动，因为政府、银行和网络的安全取决于数据的安全加密，而常用的加密手段正是基于大数字的质因子是非常难推算的这一个事实。例如，随便写一个 400 位的数字可能只花费我们 5 分钟的时间，但是就算是用最好的算法和最快的经典计算机，推算出它的质因子也需要比宇宙年龄更长的时间。肖尔的研究证明理论上讲量子计算机只要一眨眼的功夫就可以计算出来。

为什么量子计算机会如此强大呢？经典计算机是自动处理信息的机器。信息被储存在计算机的内存中，然后在同样储存在内存中的事先编译好的程序的指令下进行读与其他操作。量子计算机和经典计算机的主要差别就在于它们储存信息的方式不同。在经典计算机中，信息储存在一系列"比特"中，每个比特的值是 0 或 1。比特的排列组合数量会以指数的形式随字符串的长度的增加而增加。比方说一比特有两个排列组合，2 比特有 4 个排列组合，3 比特就有 8 个排列组合，300 比特的排列组合就是"古高尔"（1后面 100 个零）这样的庞大数字了。一个字母需要 5 比特。这本书的所有信息加在一起大概需要 200 万比特。现在一个普通笔记本电脑的内存是以10 亿字节为单位来计算的，它大概是 100 亿比特（一个字节等于 8 比特），每 10 亿字节可以储存 5000 本书。

量子计算机的工作方式与经典计算机完全不同。它的内存由量子比特

（昆比）构成。与经典比特的唯一相似之处是，当昆比读出时它的值也是 0 或 1。根据量子理论，一个昆比的典型状态是一种叠加状态，也就是说它既包含 0 又包含 1。0 和 1 的数量决定了昆比读出时是 0 还是 1 的几率。

　　昆比的状态是由 0 或 1 的比例来决定的，这个连续的数值暗示着量子计算机相比传统计算机所具有的储存无限制的信息的可能。[8] 当我们考虑不止一个昆比时，带来的量子纠缠现象就更加有趣了。不同于经典的比特，我们不能独立地读出一个昆比。我们在一个昆比读出的结果会影响我们读出另一个昆比的结果。比如，有两个昆比是纠缠在一起的，我们读出的一个昆比的值完全决定另一个昆比的读出值。由很多纠缠的昆比组成的一个整体所能存储的信息要远多于将每个昆比作为单一的存储单元时所存储的信息总和。

　　肖尔利用昆比的特性提高了计算质因子的速度。传统的求解质数因子是采取下面的方法：[9] 先将这个数字不断地被 2 除，当不能再被 2 整除时开始被 3 来除，当不能再被 3 整除时再被 5 来除，依次进行直到不能再被任何质数整除为止。肖尔发现，量子计算机可以同时进行上面描述的这些过程。这是因为量子计算机中昆比的量子态同时包含着很多不同的经典态，所以这些计算是可以"并行"的，这样就使得运行速度有了惊人的提高。

　　肖尔的发现带来了制造量子计算机的全球竞赛。被采用的量子技术也多种多样，比如原子和原子核自旋，光的偏振态，超导环的载流态和很多其他形式的昆比。这几年，这个竞赛更是达到了白热化的程度。在写这本书的时候，IBM 的研究人员刚刚宣布他们很快就会研制出一种"可扩展"的量子计算技术。

　　信息处理能力的长足发展对我们意味着什么呢？让我们用现有的图书馆和未来可能拥有的图书馆和现代科学的奠基人的图书馆做一个比较，我们发现结果是惊人的。艾萨克·牛顿的私人图书馆位于剑桥大学三一学院的雷恩图书馆中，它仅仅有一个书架总共几百本书。但是牛顿使用这些书建立了现代物理和数学方法。离它不远的大学图书馆中，保存着查尔斯·达尔文的私人图书。他的收藏占据着 10 米左右的书架。同样地，对于达尔文这样在科学史上做出开创性贡献的思想者，这样的藏书量未免太少了。

今天，在你的智能手机上可以获取的信息远比任何一个图书馆的信息都要多。根据摩尔定律，在今后的几个十年间，你的笔记本电脑将可以装载地球上的所有书籍。一台量子笔记本电脑就会像豪尔斯·路易斯·博尔赫斯（阿根廷著名作家和诗人，曾任阿根廷国家图书馆馆长）的通天塔图书馆一样。这个神奇的图书馆中包含着所有书中可能的字母或词汇的组合，利用量子计算机，我们可以从中搜索出很多甚至还没有被构思或写出来的有趣信息。

某些基于量子计算机和量子通讯的应用是很容易想到的，比如信息安全就是其中之一。目前用于保护银行账户、计算机秘密和信用卡信息的程序编码是建立在经典计算机计算大数字的质数因子是非常困难的事实的基础之上的。但是，彼得·肖尔的研究则表明量子计算机可以很快地找到这些因子，从而使得现有的安全协议不再有效。而因为量子物理的特性，量子方式存储的信息从本质上讲就比传统方式存储的信息更经得起恶意的攻击。这是因为读取传统信息时对信息本身并没有任何改变，但是根据量子物理学仅仅在观测一个量子系统时就会改变整个量子系统的状态。那么对量子信息的偷听或黑客攻击就会被及时发现。量子信息的这些特性使得它几乎不可能被监视，而对于这些优势来说，传统的信息存储方式是不可能实现的。

量子计算机也转变了我们"并行"处理数据的能力，并且使得开发具有很大社会利益的系统成为可能。现有的一个提议是在每个居民的家中安装高灵敏度的生化探测器，这样我们每个人详细的健康信息都会被不间断地采集。计算机库对这些收集的信息进行处理和检查，这样任何健康上的危险信号都会被及时发现。所有的医学治疗结果和饮食的变化以及任何相关的介入都会被不间断地收集。如此庞大的信息量和如此强大的信息处理能力会带来医药方面的革命性改变。我们每个人都将成为医学测试的参与者，而这些医学测试无论是在精度上还是在参与人群的多样性上都是前所未有的。

但是被量子计算机改变最大的恐怕还是我们人类自身。

· · · · · ·

加拿大的人类沟通交流大师马歇尔·麦克卢汉就曾经强调交流技术的改变会带来人类自身的改变。他在 1964 年撰写的《理解传播媒体：人类的延续》一书引起了人们对各种形式的大众媒体作用的关心，这其中包括流行音乐、电视和主要传媒公司。麦克卢汉的文体是描述型的而不是分析型的。他的主要论点是，广告、游戏、汽车、打印材料（那时还没有个人电脑）、书籍、电话、报纸等各式各样的大众媒体所承载的信息，远没有它们的物理形式以及对我们行为的直接影响重要。他用一句格言"媒介就是信息"总结了他的观点。当今，我们常看到周围一些人，眼睛总是盯着手机，不是在发短信就是在写邮件，他们已经深深地被手机所控制，对周围的事物几乎视而不见，这让我们很容易就联想到了麦克卢汉的论点。

麦克卢汉认为媒体对我们的影响已经持续了上千年。就拿欧洲语系来说，我们的思想需要浓缩和限制到只用 26 个字母来表述，而这种将想法写下来的技术已经被证明是强大的和在社会上占主导地位的。只要稍微想一下，我们就会发现这是多么神奇又多少有些可笑的情况啊。通过写作我们可以从环境中脱离出来，把重心放在我们的想法本身上，继而形成完整的观点并与他人沟通。允许圣经、教科书、百科全书、小说、政治手册、法律合同书来左右我们人的行为，无疑对我们是谁这个问题有着巨大的意义。麦克卢汉认为印刷品完全改变了我们的观念，加强我们的视觉感，从而影响了知识的分类和专业化，孕育了个人主义和官僚主义，甚至还有民族主义战争、消化道溃疡和色情物品。

麦克卢汉认为，任意形式的大众传媒不管是印刷品、照片、广播或电视都是人类神经系统的一种延伸，它们极大程度地改变了人类的特性进而改变了人类社会。他在《电子时代人类的未来》一书中提出："我们从没有试图阻止过新技术对我们自身产生的强烈影响，而我们的生活却被它们一次又一次地彻底打乱了。"[10]

麦克卢汉准确地预言了电子媒体将与计算机相结合，并且可以以多种形式将信息廉价而又及时地传送到世界各地。在互联网出现前的 30 年，他就认为"无论下一个传播媒体是什么，它都是意识的一种延伸体。电视节目将作为其传播的内容而不是其传播的载体，它还会使电视节目形成一种新的艺术形式。计算机作为研究和通信的工具将会加强检索功能，削弱大众图书馆的作用，并且可以迅速地为个人定制所需信息。"[11]麦克卢汉甚至乐观地认为人类由于印刷品的出现而逐渐失去的某些感官功能也许会通过一个统一的"无间断的网"而恢复，这样各个感官功能也许就可以像文字未出现前那时处于相互协调的状态。当我们被电子通信相互连接时，世界成为了一个"全球村落"——麦克卢汉的另一个流行语。

麦克卢汉之所以会有如此的远见，很大程度得益于一位远景家和神秘主义者德日进。德日进是一位犹太神父、地质学家和古生物学家，他曾经参与了发现北京人的工作。德日进善于从宏观的角度去考虑宇宙和我们在其中的地位和作用。麦克卢汉的某些主要观点就脱胎于德日进对宇宙和人的宏观认识。德日进在 20 世纪五十年代就预见了全球通信和网络的应用。他认为，广播和电视已经构成了一个非凡的网络，就如同"以太化"的人类意识将我们都联系在了一起。这些令人惊叹的电子计算机将会加速人们思考的速度，并为研究速度的革命性提升扫平道路。德日进认为这些新兴的技术将会制造出"人类的神经系统"或"令人惊叹的思考机器"。他说道："我们熟悉的文明时代已经结束了，新的文明时代正在到来。"[12]

上述的这些观点都来自于德日进在 20 世纪三十年代末完成的巨著《人类印象》。但是由于他不同于主流的观点，他所在的基督教会拒绝在他有生之年发表他的任何文章。他的著书和很多论文都是在他去世后的 1955 年才出版和发表的。

尽管德日进是个天主教神父，但他仍旧认为达尔文的进化论是正确的，并且以此为基础构建了他的未来主义学说。他认为物质宇宙是在不停地演化的。实际上，在《人类印象》中的"宇宙的历史"和现代宇宙观非常相似。当然，他很有可能是受到了热大爆炸宇宙学的创始人，另一位犹太神父乔治·勒梅特的影响。

德日进将从粒子、原子到分子，从恒星到行星、复杂分子、生命细胞再到意识的复杂呈现过程称为一种物质和能量的"退行"，在整个过程中宇宙的自我意识慢慢增长。人类因为具有自我意识而对整个宇宙具有深刻的影响。他在征求朱利安·赫胥黎同意后引用了下面一段话："我们发现人类自身只不过是一个形成了自我意识的演化过程"。[13] 朱利安·赫胥黎是生物学家 T.H. 赫胥黎的孙子。T.H. 赫胥黎因为在 19 世纪时发表了支持达尔文进化论的文章，得到了"达尔文的斗牛犬"的著名绰号。他同时还是将基因与演化联系在一起的"现代演化理论"的创始人之一。德日进将赫胥黎的观点运用到了宇宙学的尺度。他认为随着人与人之间的联系越来越紧密，局限在地球表面的人类社会将越来越像是一个巨大的活着的细胞。社会的自身意识和自我创新会使得人类社会不断地沿着非生物的方式进化，并最终导致整个宇宙自我意识的萌生，他将这个状态称为"Ω 点"。

德日进的观点是含混的、间接的和非科学的，因为他描述的很多进程，比如细胞和生命的形成、意识的生成都是我们从科学角度难以理解的，当然，未来也是如此。但无论如何德日进的观点还是非常有意思的，因为他指出演化具有向着越来越复杂的物质世界发展的潜能。随着人类在技术和相互协作方面的成就越来越无法仅归功于生物学角度上的适者生存，这种趋势也就越来越明显。赫胥黎在为德日进的书作序时说："我们人类掌握着地球无尽的未来，要想对未来有所认知我们就必须提升我们的知识和彼此之间的友爱。对于我来说，这才是《人类印象》这本书的精髓所在。"[14]

麦克卢汉和德日进准确地预测了数字时代和电子通信对社会演化的影响。麦克卢汉认为："电子技术作为我们这个时代传播的媒介会重塑或改变社会中的相互依赖关系和我们个人生活的各个方面……不管是你自身还是你的家庭、邻居、工作、政府，或是你和这一切的关系。而且这些变化正在剧烈地进行着。"麦克卢汉还预见了网络及社交媒体的特点和危险性。他描述了一个"电子的计算机化的档案馆——这就像是一个巨大的八卦专栏，它即不饶恕也不忘记。在这里没有救赎可言，任何早年的'错误'都不会被抹去。"[15]

这些观点都是非常有远见的。它们指出了数字化的信息和人类模拟化本质之间的冲突。我们的肢体和感官的功能是平稳而连续的，我们都更喜欢那些具有丰富和细腻神韵的音乐或艺术作品或自然体验。我们这个模拟的生物个体正生活在一个数字世界，面临着量子的未来。

数字信息是最粗糙的、最直白的和最野蛮的信息形式。无论什么都可以归结到 0 和 1 的有限字串。它简单明了也容易记忆。这种方法把一切都简化成了黑或白，是或否，并且可以简单而准确地复制传播。很显然，模拟信息要比数字信息丰富得多。一个模拟数可以包含无限多个数字，这当然远比任何有限的数字字符要多。

最初老式的唱片和录音带转换成 CD 或 mp3 时曾经引起有关数字格式是否没有模拟格式的信息丰富，而降低了欣赏性的争论。这个争论至今仍没有定论。虽然我们可以通过越来越多的数位使得数字音效接近模拟音效，但是模拟音效的本质决定了它更能体现微妙的细节，而数字音效则在细节上更容易产生不和谐和刺耳的声音。无疑地，即使在现在的数字时代，模拟设备也一点没有要被淘汰的迹象。

生命的 DNA 代码是数字化的。如果将 DNA 的构成比作语言，那么它只含有四个字母。任意三个字母可以组成一个单词来代表一种氨基酸。单词组成的句子就是蛋白质，它由一长串的氨基酸组成。蛋白质是生命的基本组成成分，它的一部分又被安排来读取和编录 DNA，以便生成更多的蛋白质。我们在为神奇的 DNA 编码导致如此多样和美丽的生命体惊叹的同时，也不要忘记 DNA 编码本身并不具有任何生命力。

虽然作为生命基础的基因是数字化的，但是生命个体则是模拟化的。我们是由等离子体、组织和薄膜构成的，由汇聚生物酶和反应物所持续产生的化学反应控制。我们的 DNA 只有在处于适宜的分子、液体和能量与营养的环境下才会发生作用。而这些因素都不能用数字化方式来描述。新的 DNA 序列只是变异和重组的结果，从来源看，它们抑或是与环境相关的，抑或是与量子力学相关的。可见决定演化的两大主要因素变化和选择都不是数字化的。DNA 作为生命的数字部分，它的主要特点是它的持久性和确定性，它可以被准确和有效地复制和转化成 RNA 和蛋白质。人体内存在着 10 万亿个细胞，而每一个细胞都包含着一个完好复制的 DNA。每当一个细胞分裂，DNA 就会被复制。

我们很容易就会认为生命的本质是数字化的 DNA，我们的身体只是保护 DNA 并确保它可以持续复制的"奴仆"。但是我却认为我们的生命体是模拟的，它只是使用数字化的内存来保证生命体可以准确地繁殖。生命体是一个数字内存和模拟操作的快乐结合体。

初看起来，我们的神经和大脑似乎也是数字化的，当它们被刺激时，它们或反应或不反应，很像是基本的数字存储 0 或 1。但是神经的反应速度其实是可以持续变化的，并且它的反应可以是同步的也可能是呈现混乱的变化趋势的。在信息聚集和传导的主要环节中包含的生物分子是模拟化的，一个典型的例子就是信息通过神经元的传导。总体来讲，我们的大脑还是比数字处理器更复杂和精密。我们的模拟化本质与计算机的数字化本质的差异也许就是计算机还不尽如人意的原因所在。

虽然运用足够多的数字位可以使数字信息尽可能准确地表述模拟信息，但是模拟信息总是比数字信息更加丰富细腻是毋庸置疑的。量子信息量的丰富性则是无可想象的。一个昆比需要用一系列连续的数值来描述。随着昆比数量的增多，需要的连续数值成指数增长。如果描述一个 300 昆比的量子计算机的状态（很有可能是一个包含 300 个原子的链条），我们需要的连续数值要远高于模拟方式可采用的数值，即使我们采用可见宇宙中所有的 10 的 90 次方个粒子的三维空间位置的总和也无能为力。

物理粒子携带量子信息的其他惊人表现来自于量子纠缠现象。量子纠缠是指两个粒子的量子态在本质上是联系在一起的。在第二章中我描述了爱因斯坦 - 波多尔斯基 - 罗森实验。在实验中如果两个自旋纠缠的粒子反向飞离对方，当我们观察这两个粒子的自旋时，如果一个是向下的，那么另一个一定是向上的。这个被爱因斯坦称为"远距离的幽灵相互作用"的关系不管粒子飞离的距离有多远都保持不变。同样在第二章中提到的贝尔原理正是以量子纠缠为基础，它指出量子理论的预言永远无法用经典的理论来复制。

从 20 世纪八十年代，人们开始在某些物质的电子中发现一种奇怪的集体纠缠现象。德国物理学家克劳斯·冯·克利津发现如果在极低温度下把一片半导体悬挂在很强的磁场中，半导体的电导值（测量物体中电流流过的能力）被量子化了。也就是说电导的值是一个基本量的整数倍。这个结果是非常奇怪的，就如同打开水龙头，不管如何调节龙头，水只以某种固定的速度或者以这个速度的整数倍流出。电导是大线圈或一大块导体这样的宏观物体的性质，没有人想到它可以被量子化。冯·克利津的实验表明，如果方法适当，即使是宏观物体量子效应也可以显现出来。

两年后，冯·克利津的实验结果又有了新进展。在贝尔实验室工作的德国物理学家霍斯特·斯托莫和华裔物理学家崔琦发现电导也可以是 1/3，2/5 和 3/7 这样的分数倍。斯坦福大学的美国理论物理学家罗伯特·劳克林认为这是物质中电子的整体效应。当这些电子相互纠缠时，它们会形成奇怪的个体，而这些个体的电荷数是单个电子的分数倍。

通过做这些电导的实验，固体物理学家发现在越来越多的系统中量子粒子的行为无法用经典方法来解释。这些发现使得我们开始质疑传统的电子等单个粒子携带电荷在物质中运动的图像。虽然晶体管是在这种传统的图像指导下制造的，但是这个图像对于描述真实的物质状态来说显然是有局限的。量子物质可以出现多种变化的形态，这是一种全新状态的物质，据我们所知，它还从未在宇宙中出现过。我们才刚刚开始研究这种量子物质的潜力。它们很有可能会为我们带来崭新的量子电器和设备，从事我们从未见过的事情。

在 20 世纪早期，我们所知道的最小的物质是原子核，最大的是我们的星系。一个世纪以来利用最强大的显微镜和望远镜，我们看到的最小尺度是原子核的万分之一，最大尺度达到我们星系的 10 万倍。

在最近的 10 年间，我们已经观测了大到 140 亿光年的整个可见宇宙。当我们望向越遥远的太空，我们看到的将是越早期的宇宙。最遥远的图像揭示了刚刚经过大爆炸还处于婴儿期的宇宙。它看上去各处都非常的均匀和光滑，物质密度的变化只有十万分之一。原初的密度变化与真空电磁场中的量子波动的形式是一样的，只不过是延展和放大到了天文的尺度。密度的变化导致了星系、恒星、行星以及最终生命的形成。这些观测事实似乎在告诉我们，量子效应对一切的起源都起着至关重要的作用。正在天空中执行观测的普朗克卫星不久就会宣布结果，它将有能力探测到最初的宇宙是否经过了一个指数形的膨胀。在即将到来的几十年中，更强大的卫星观测站也许可以解答在大爆炸前是否还有另一个宇宙的问题。

最近，使用大型强子对撞机，我们探测到了前所未有的微小尺度。这个实验验证了决定不同基本粒子性质的希格斯原理。被提议的国际线性对撞机将会比大型强子对撞机更强大，它可以更加准确地探测最小尺度的结构，它可能会发现连接物质粒子和力之间的对称性等更基本的结构。

利用大型强子对撞机和普朗克卫星，我们可以研究宇宙的最小和最大尺度。同样重要的是对量子物质在日常生活尺度的研究，我们正在不断发现比已有的都要精密和细致得多的由不同级别的现实的纠缠形成的组织结构。历史经验告诉我们，这些新的发现有一天会导致新技术的出现，并最终主导我们的社会。

从 20 世纪六十年代开始，电子计算机的发展一直势不可当。摩尔定律让计算机的体积不断缩小并越来越接近我们人类的大脑。计算机的机箱从最初的冰柜大小缩小到了台式机、笔记本电脑直至我们可以拿在手中的智能手机。谷歌刚刚宣布了眼镜项目，它的目的是将计算机的屏幕集成到一副眼镜的镜片上。一个如此贴近人眼的屏幕将会消耗很少的电量，并且会是超级高效的。毫无疑问，计算机将越来越融入我们的生活、我们的身体以及我们的自我意识。

我们拥有的庞大数字信息和对它们强大的处理能力正在改变我们的社会和人类的本质。我们未来的演化将会越来越少地依赖于生物基因，而是越来越多地依赖于我们与计算机相互沟通的能力。关乎未来生死存亡的将是操控程序或被程序操控的斗争。

但是，我们是基于数字编码但本质仍为模拟的生物，使用越来越多的数字信息看上去更像是演化过程中的退化现象。数字信息的最主要优势在于它的复制廉价而准确，并且对它的解析是不会有任何歧义的。它代表的是模拟信息的缩略版本，就像是一个"作废"的计划书或是生活中的一段记忆，而不是鲜活的模拟元素本身。

从另一方面来讲，量子信息则比我们熟悉的模拟信息更加细腻和深刻。使用量子信息将是一个重大的飞跃。就像我之前已经解释过的，一个昆比携带的信息比任何数字字节携带的都要多，如果采用传统的编码方式存储300 个昆比所含有的信息，即便是使用宇宙中所有的粒子也无法办到。但是问题在于量子信息是非常脆弱的。量子物理的原理决定了量子信息是无法被复制的，这就是"无克隆"定律。不同于传统计算机，量子计算机将无法复制自身。如果没有我们或其他传统信息载体的介入，量子计算机是无法发展的。

很显然，人类作为一个模拟本性的生物体与量子计算机的相互合作对我们双方都有好处，而这种合作可能会给生活带来飞跃似的变化。在处理事务的过程中，我们将提供确定性和持久性，而量子计算机则负责处理那些捉摸不定的因素，探索性的工作和各种庞杂的信息。当我们问问题时，量子计算机就会为我们提供答案。就如同数字基因为我们的模拟运行模式提供了编码，我们作为进化的继承人将成为量子生命的"操作系统"。

就如同我们的 DNA 被一台模拟的机器与人自身联系了起来，今后我们则会被量子计算机所包围，它们将使我们的生命更加丰富。人类与量子计算机合作的最佳模式将会延续下去。利用量子计算机对大信息处理的强大能力，我们有可能监视、修复甚至是再生我们的身体。它们会确保能源和自然资源的使用最优化。它们可以帮助我们设计并监督新材料的生产，比如用于太空电梯的碳纤维以及用于空间推进的反物质技术。那时基于量子的生活将为我们提供探索和理解宇宙所需要的一切。

. . . . . .

"量子时代"带来的各种可能性虽然非常令人兴奋，但是没有任何事情是一定的，未来还是要由我们自己来决定。先让我们谈一谈消极的话题。我这里要提到的是一位女性远景家。她所生活的维多利亚时代是一个充满探险的"奇妙的年代"和工业革命时期，而她的攻击目标就是那个时代的浪漫主义。

这位女性远景家的名字叫玛丽·雪莱。玛丽的母亲玛丽·沃斯通克拉福特，是首批女权主义者之一，她即是哲学家又是教育者，还是 1792 出版的《妇女权利的辩护》一书的作者。玛丽的父亲则是一位激进的政治哲学家。玛丽的母亲由于分娩时的细菌感染而去世。玛丽随父亲长大，不过她一生都对她的母亲很崇拜。在她 16 岁那年，她成了当时英格兰最著名的浪漫诗人珀西·比希·雪莱的情人。由于珀西已婚，他们的关系在当时是一大丑闻。后来珀西的第一任妻子自杀身亡，他们两人才结婚。他们共有 4 个孩子（其中两个出生在婚前），但是只有一个孩子长大成人。第一个孩子由于早产，很快就死去了。另外的两个生于他们在意大利旅行期间，一个死于痢疾，随后一个死于疟疾。

玛丽是在她同珀西的一次意大利之旅中开始着手写作《弗兰肯斯坦》又名《现代普罗米修斯》的。那时她只有 16 岁。这部小说在玛丽 21 岁时匿名发表，当时珀西为她作了序。现在这部小说已经被公认为最早的科幻小说。[16] 在《弗兰肯斯坦》中，玛丽对科学的诱惑性和危险性提出了警告。玛丽对普罗米修斯的描绘表现了即使在维多利亚时期，古希腊的文明对当时的前卫思想者们仍具有很大的影响。

科学在当时社会的影响为小说提供了背景。1806 年 11 月，英国化学家汉弗莱·戴维爵士在伦敦皇家学会做了一次贝克讲座。他的讲座内容是关于电学与电气化学的分析。在介绍中他说："看起来伏特（电池发明者）为我们提供了一把打开自然界中最神秘壁龛的钥匙……摆在我们面前的是科学中无尽的新奇现象；一块未开发的处女地，一块在哲学上充满希望的神圣而又富饶的土地。"[17]

在那时的伦敦，公开的科学演示和实验非常流行。一个臭名昭著的实验来自意大利博洛尼亚的解剖学教授乔瓦尼·阿拉蒂尼。他试图在绞刑 6 小时后唤醒一个谋杀犯的尸体。当时对阿拉蒂尼实验的报道令人窒息，文中这样写道："当电流被第一次加到尸体上时，尸体的下颚开始颤抖，肌肉开始剧烈地扭曲，他的左眼竟然睁开了……如果不是从很多角度来看，这种行为都是不恰当的，这具尸体可能真的可以复活。"[18]

玛丽·雪莱可能就是受了这些演示的启发，以及当时大众对科学的好奇的影响写作了《弗兰肯斯坦》。她的小说准确描写了年轻的科学家弗兰肯斯坦博士是如何废寝忘食并最终解开了一个重大谜题："经过日日夜夜的辛劳，我终于发现了生命诞生的奥秘，不但如此，我还可以将生命赋予本无生命的东西。"对于自己的发现无法抑制内心的狂喜，他说道："从古到今最聪明的人所一直追寻和渴望的知识如今掌握在了我的股掌之中。我的初次成功使我意气风发，对于制造一个像人类一样复杂而又奇妙的动物的能力我毫不质疑。"[19] 于是在自己成功的鼓舞下，弗兰肯斯坦没有考虑任何可能的危险制造出了一个怪物。但是他没有办法满足怪物也需要同伴的要求，最终怪物为了报复弗兰肯斯坦而谋杀了他的新娘。

在 1822 年，《弗兰肯斯坦》发表 4 年后，珀西·比希·雪莱在一次帆船划行时因意外溺水而死在了意大利。又过了 4 年，玛丽发表了她的第四部小说《最后一个人》，讲述了人类在 2100 年因瘟疫而灭绝的故事。这部书是对人类认为可以掌控自己命运的浪漫思想的彻底批判。与《弗兰肯斯坦》中提到普罗米修斯相辉映，《最后一个人》的开篇是：在南部意大利的西比尔发现了一座属于古罗马哲人的山洞（事实上，这个山洞在玛丽的书发表了一个多世纪后真的被发现了。）故事叙述人描述了发现的散落的一堆堆的树叶，以及上面由西比尔女预言家所书的预言。经过多年来组织和破译这些零零碎碎的预言，叙述者将它们总结在一起形成了《最后一个人》。

在她的介绍中，玛丽提到了拉斐尔的最后一幅画《变容》。这幅画描述了截然相反的两个世界，在画面的上半部是高贵而智慧的神明，下半部则是混乱而黑暗的人类社会。这种阿波罗神式的与酒神式的冲突在文学和哲学中是最常见的主题。阿波罗和狄俄尼索斯都是宙斯的儿子。阿波罗是太阳神，代表着梦想和理性，而狄俄尼索斯则是酒神，代表着享乐。玛丽提到这幅画是寓意深刻的。在罗马的圣彼得天主堂中有一幅拉斐尔《变容》的马赛克复制品。它就如同是真正的绘画作品的数字版本，而玛丽将自己重组女预言家的预言比作是用彩绘的瓷砖拼接复原的《变容》。

《最后一个人》的主旨是浪漫唯心主义的失败。玛丽的丈夫雪莱一直深信思想的重要性。在谈到古罗马时，雪莱曾说过："想象的事物的美丽是由想象本身决定的：它的结果是整个帝国，而它的回报则是永不褪去的盛名。"[20]

在《最后一个人》开始时，野心勃勃追逐名利的雷蒙德被选举成为了保护主："新的选举结束了；国会召集时，雷蒙德被成百上千的计划包围着……他总是被各式各样的提议所包围，比如有些是致力于使英格兰土地更肥沃的，废除贫穷的；而有的是关于使用《天方夜谭》中的方法如何使人可以从一个地方达到另一个地方的。"[21]

但是在所有这些计划实现之前，希腊和土耳其的战争开始了，雷蒙德在康斯坦丁堡被刺杀了。英格兰最后一位君主的儿子艾德里安成为领袖。他是一个毫无用处的空想家（很显然是以玛丽的丈夫雪莱为原型的）。在一段短暂的和平后，他说："让和平再至少待上一年，地球将会变成天堂。人类的能量原来是用来捣毁自身的，如今则会被用于解放和保护。人类是不安分的，但是他们不安分的愿望现在将会带来有益而非有害的结果。南方得到支持的国家将会丢弃奴役这副铁枷锁（玛丽这里指的是奴隶制）；贫穷将会远离我们，随之而去的还会有疾病。自由和和平这些从未联合起来的力量将会为人类带来何等的成就呢？"[22]

艾德里安的梦想很快就破灭了。一场瘟疫迅速地从康斯坦丁堡向西方蔓延，人们纷纷从希腊、意大利和法国涌入英国。雷蒙德的犹豫不决的继任者赖兰在瘟疫传到伦敦时放弃自己的职位逃跑了。浪漫主义者艾德里安获得了执政权，但是他的主要方式是劝说人们相信瘟疫并不存在。不过真相是不可能永远被掩盖的，最后他无可奈何只得带着他的人离开英格兰人来到了欧洲大陆，他们在那里缓慢而痛苦地死去。

在整部书中，玛丽详细描述了人们虚假的乐观。他们总是试图发现一个美好的未来，但实际上一开始他们就难逃一死。他们宏伟的设想以及过分相信理性、权利和进化的力量使得他们一次又一次地失败。最终，他们的最后一名幸存者弗尼决定去环世界航行时说："我并不期待未来会变得好些，只是只有一个人的现实实在无法忍受。引导我航行的既不是希望也不是快乐，是焦躁不安的绝望和追求改变的强烈愿望推动着我前进。我是多么渴望有危险来供我搏斗，有可怕的事物来引起我的兴奋啊。我多么希望有点事情可以做啊，哪怕再微不足道或没有酬劳，只要能让我的每一天都充实一些。"[23] 书中的讽刺意味是不言而喻的。《最后一个人》在出版后不受欢迎并很快被遗忘，直到一个半世纪后的今天，人们才开始认为这部作品是玛丽仅次于《弗兰肯斯坦》的最重要的作品。

我不得不提一下书中的一个小角色，天文学家马里吴。根据他的计算，10 万年后地球的极轴将与地球绕太阳公转的轨道轴平行，按他的说法："全球性的春天将会到来，地球将会成为天堂。"[24] 马里吴对于蔓延的瘟疫不闻不问，当他的家人也被疾病感染时，他正在撰写"关于地球极轴周环运动的论文"。我希望我们现在的科学家不要像马里吴那样。

《弗兰肯斯坦》距今已经快两个世纪了。玛丽假想的弗兰肯斯坦博士制造的怪物并没有出现，她在《最后一个人》中所描写的无法控制的疾病也没有成为现实。但是，她所提出的危险警告在现在同样是非常值得我们重视的。生物学的发展为我们带来了疫苗、抗生素、抗逆转录病毒、干净的水和其他很多革命性的大众医疗的进步。不过基因工程还没有制造出怪物。但是科学带给社会的益处总是分配不均的。世上永远都存在着大量的可以避免的死亡和病痛。我们唯一能确保社会不断受益于科学的方式是坚守人道主义原则，坚持科学研究为社会服务。

有时科学的成就反而使得科学家过于自大而脱离了社会。这样的例子比比皆是。经常的，科学发现的意义被夸大，而非科学的想法则被丢置一旁，认为是不重要的。

我想举一个我研究的宇宙学领域的例子。劳伦斯·克劳斯最近出版了一本名为《无中生有的宇宙》的书。在书中他认为最近的观测表明宇宙拥有简单而平直的几何形态，这表明宇宙可以从一无所有中产生。在我看来，他的论点其实是基于一个计算过程中的失误。当然这并不是我在这里要讨论的。从一个错误的物理解释他得出了宇宙不需要创造者的结论。理查德·道金斯为这本书做的后记中称克劳斯的论证彻底否定了宗教存在的意义。他在文章的末尾说："如果《物种起源》是生物学给予超自然主义（道金斯所指的宗教）的致命一击，那么《无中生有的宇宙》则是来自于宇宙学的致命一击。这本书的标题再明白不过了，但是它所阐述的却令人沮丧。"

　　这部书的论证方法令人印象深刻，但是它的论据不够深刻。哲学家戴维·阿尔伯特是现代量子理论方面最深刻的思想者。他将对克劳斯的书评发表在了《纽约时报》上。他感叹道："我们现在看到的都是类似克劳斯这样的作者和他们的著作。他们对宗教的指责是苍白的、微小的、愚蠢的和书呆子气的。要是非让我找一个词来形容他们眼中的宗教，那就是愚蠢。"[25]如果我们仔细地将克劳斯和道金斯的论证与 18 世纪休谟的《有关自然宗教的对话》进行比较，我们不由得觉得自然和宗教的辩论没有进步反而倒退了。休谟在表述他对宗教的质疑时给予了彼此充分的机会来表达各自的观点，在最后也非常谦虚地避免给出定论。毕竟，他的主要目的是：我们不知道上帝是否存在。书中的一个辩论者显然代表了休谟自己的疑问，因为他的名字菲洛，意思是"爱"。

　　下面我先引用一下美国理论物理学家，也是诺贝尔奖获得者斯蒂夫·温伯格的《最初三分钟》的最后一段。他是这样写的："随着我们对宇宙了解得越来越深入，对它的研究似乎却变得越来越无意义。如果我们无法从我们的研究成果中得到安慰，但至少研究工作本身也是一种慰藉……理解宇宙的努力是为数不多的一些事情可以使人生不至于沦落成一场闹剧，并且为我们悲剧的一生增添些许光辉。"[26]虽然《最初三分钟》是一本非常出色的书，但是我挑出这段话作为科学家脱离社会的又一个例子。

不少科学家都有类似上面的这种观点，他们认为在最基本的层面上宇宙是没有任何意义的，我们人类的处境从某种程度看是悲剧性的。这种观点我很难理解。在我看来，仅仅活着，可以体验和欣赏宇宙的奇妙并且可以与他人分享就是一个奇迹。我所能想到的导致他们持有如此消极观点的原因在于他们和社会的脱节。他们太集中精力在自己的研究上而忽视了人类存在的其他的方方面面。

当然，采纳宇宙是无意义的观点也方便科学家尽可能地消除各种原有的偏见或预定的研究目的。他们希望在不受事物为什么这样运行的问题的干扰下，发现事物是如何运转的。在我们无法回答目的性的问题时，暂时把它们搁置一边也是合理的。科学家经常会在有意识或无意识下受一些非科学议题所影响，即使他们并不承认。

很多不在科学圈子里的人感兴趣的正是科学家们希望回避的问题。他们希望知道科学发现的意义是什么。就宇宙学来说，他们想知道为什么宇宙会存在，我们为什么会在这里。要保证人类不断地进步，我们就要不断地向已有的认知体系提出质疑同时接受不确定性这个基本事实，这才是科学最重要的目的所在。要避免科学与社会脱节，我们就要向公众更好地诠释科学的真正意义和科学的思维方式。理查德·费曼这样来描述科学性思维："大脑的这种思维方式——不确定的思维方式——对一个科学家是至关重要的，我们的学生必须先掌握这种思维方式。一旦这种思维方式成为一种习惯，我们就再也无法摆脱它了。"[27] 在习惯于一句话信息的今天，倡导学术上的谦虚和对不确定性的坦诚并不是一件容易的事情。但是不论如何，我觉得一个谦虚和诚恳的科学家在公众眼中会是更可信的，社会也会觉得科学不再那么遥不可及。

我个人认为科学的终极目标是服务于社会的需要。社会也需要认识到科学不仅仅只是不断提供技术创新的依据。科学应该是创造更适宜人类居住的社会这个目标的一部分。虽然满足我们的需要很重要，但这并不是建立未来的全部。科学研究以及对人类在宇宙演化中的地位的理解从某种程度上启发和激励了我们，从而丰富了社会以及艺术、音乐、文学和其他一切事物。同时，当科学在做什么和为什么做这些问题上不断接受挑战时，当科学家的贡献以及他们的工作的重要性得到社会更广泛的肯定时，科学也会变得更具有创造性和硕果累累。

自从古希腊以来，科学总是非常注重思想的自由交换，我们不停地尝试新的理论但也时刻准备着被证明是错误的，这才是进步的最佳方式。在科学共同体中，一个新学生可以质疑最资深的教授，权威不能作为论据来使用。如果一个想法是好的，它来自哪里并不重要，但是它必须立得住脚。科学是最民主的。虽然科学的领航经常依赖于某个天才或某人的洞察力，但是科学工作者之间彼此谦虚并为同一事业奋斗的整体意识应是很强烈的。这种思考和解决问题的方式即使在非科学领域也意义重大。

然而，随着科学的发展，分类也越来越细致。再次引用理查德·费曼的话："仅有极少数的人能对两个学科的知识都有足够深的领会，以至于他不会在谈论任意其中一个学科时弄出笑话。"[28] 随着科学分类的复杂化，无论是对其他学科的研究者或是普通大众，它都变得越来越深不可及。有些学科之间的交叉发展机会就会被错失，科学家忘记了研究在更广义上的意义，科研工作降低为科学家自娱自乐的学术练习或纯粹的技术工作，同时社会对科学的重要性和前瞻性也缺乏认识。

我们还是有方法来防止科学与社会脱节的，而且这些方法也已经变得越来越重要。我非常幸运地生活在加拿大一个不同寻常的社区，这里的公众对科学的兴趣很高。每个月，我所在的新视野研究所都会在当地的高中举办一场公众报告会。报告厅可以容纳 650 人。每个月门票都卖得精光。

这是如何实现的？我认为主要的原因是彼此的尊重。当科学家努力地去解释他们的研究工作以及该工作的目的时，是很容易引起大众兴奋的。

这对彼此都是有益的。对于普通民众，这是一个向专家了解前沿科学第一手信息的机会，对于科学家这是一个与他人分享成果并且学习如何向非专业人士解释前沿科学的好机会。而每当非本专业的人士对我们的研究表现出真诚的兴趣时，都是对我们的一种激励。最重要的还是对年轻人，因为参加一场激动人心的讲座，也许就会打开通向未来职业的大门。

在维多利亚科学的鼎盛时期，很多科学家都乐于从事科学普及报告。我们在第一章提到的，迈克尔·法拉第就是听了汉弗莱·戴维爵士在伦敦皇家学院的公共讲座而走上了科学研究道路的，后来他接替戴维爵士成为皇家学院的院长并且也做了很多公共讲座。剑桥的詹姆士·克拉克·麦克斯韦则在工人夜校为工人开授科学讲座，他甚至劝说当地的商店提早歇业，这样他们的雇工也可以参加。当他成为阿伯丁学院的教授和伦敦国王学院的教授后，他始终坚持每周一晚为当地的工人夜校授课。

今天，互联网为科普工作提供了出色的媒介。亨利·瑞克是我们研究所新硕士课程的第一批学员，他后来转而从事电影方面的工作。一年后他在YouTube 上建立了一个名为微物理的频道，主要是向大众解释基本的物理概念。他的节目很显然是经过缜密思考的，由于他构思巧妙，虽然运用的科技含量不高，但是内容吸引人。他的节目将物理知识传递给公众，拥有广泛的收视群。亨利意识到物理学包含的很多信息都被淹没在了科学文献中，从来没有人将它们解释给普通大众，如果能够深刻领会这些知识，那就如同为公众打开了一扇通往科学宝库的大门。当然我们必须认真思考如何传递这些信息，并且要尊重我们的听众。当我们将有价值的信息提供给大众时，我们也会得到正面的反馈。亨利的频道现在已经有 30 万订阅者了。

在我们研究所，我们也积极吸取科学以外的有用信息。我们的想法是把从事科学以外的比如历史、艺术、音乐或文学的人也吸纳到我们的科学团体中。科学与这些学科有着同样的目的，也就是探索和欣赏我们有幸生存的宇宙。虽然我们采用着不同的而又彼此互补的感知方式，但是所有的人类活动都是鼓舞人心的。然而，无论我们掌握了多少知识，总有更多的知识在等待着我们。但是我们拥有共同的目标、爱和理想，这比我们之间的任何不同都重要。当我们回望那些出现重大发现和进步的时代，我们可以看到目标的共同性是至关重要的，但是我认为我们可能需要重新找到它。

在本书中，我们分别讲到了特殊的人、特殊的地方或特殊的时代对科学发展的重大影响。我们回顾了古希腊科学、哲学、艺术和文学的兴盛以及它们如何同新兴的社会结构和谐发展。当时的哲人伊比鸠鲁似乎预见了休谟和伽利略的思想。他指出没有什么是可信的，除非有直接的观测和逻辑的推理，换句话说，除非有科学方法的检验。[29]。伊比鸠鲁也被认为是互惠观点的提出者，他认为一个人要用希望别人来对待自己的方式来对待别人。他的这两个观点奠定了公平公正的基础：人人都应该有平等的权利，一个人只有在证据证明有罪后才可以被处罚。同样地，科学的方法和基本原则也是现代民主概念产生的基础。我们都有理性解决问题的能力，任何人都应该允许有一个公平发言的机会。

我们随后又谈到了文艺复兴时期的意大利，那时古希腊的思想被重新拾起，启蒙运动正在发展之中。在苏格兰启蒙运动的影响下，人们彼此鼓励用自信而又崭新的目光来审视世界，用全新的方法去理解和描述世界，并且传授知识和彼此交流。这些时期都是社会高度自由民主和科学飞速进步的时代。

过去的启蒙运动并没有从当时最强大的国家开始。希腊只是一个很小的国家，还一直遭受着来自东方和北方的威胁。苏格兰则只是英格兰的一个普通邻居。它们的共同点在于它们的人民都坚信它们的民族能够做一番事业。它们抓住了机遇成为了当时思考和进步的中心。他们有勇气改变未来，即使到了今天我们还能感受到他们在历史中的贡献。

在 18 世纪，苏格兰的邻居是殖民主义强国英格兰。我们很容易就联想到了今日的加拿大，与它的南方邻居来比，这里简直就是文化的天堂。加拿大有很多的优势：强大的公众教育和医疗系统，和平的、容忍的和多样化的社会，稳定的经济和丰富的自然资源。它被国际社会公认为友好和爱好和平的国家，它的国际合作精神受到广泛的赞誉，它的人民谦虚而务实。世界上还有很多国家和地区具有上面所描述的优秀特质，他们将成为地球上下一个文明繁荣发展的中心。我认为现在最应该做的就是团结合作，使21 世纪成为前所未有的全球启蒙时代。

· · · · · ·

物理学的发展史可以追溯到文明的黎明时期。它是一个关于我们如何一点点地意识到我们发掘自然最基本的秘密的能力，并且为持续的发展构建知识和技术体系的故事。一次又一次，我们的努力揭示了宇宙中最基本特性的简洁和美。我们知识的增长并没有放缓的迹象。而那些今天触手可及的知识也会同那些已经被发现的秘密一样令人兴奋不已。

今天我们比过去的科学家拥有更多的优势。我们的地球上有 70 亿人口，大部分的年轻人都生活在充满追求的发展中国家。互联网把我们联系在一起，提供了即时的教育和科学资源。我们需要用更新颖的方式来组织科学研究、宣传科学研究的重要性，我们需要招募更多的人加入到科学研究的行列。世界将会成为一个教育、合作和讨论相交融的热闹场所。来自新的文化和种族的科研人员将为科学社区带来更多的创新和活力。

我们也处在可以更好地理解宇宙学的位置上。我们刚刚观测了整个宇宙，并且得出了宇宙是从 140 亿年前一个微小的光球演化来的结论。类似地，我们探测到了在宇宙中处于主导作用的真空能量，测定了哈勃长度，以及我们看到的最远的恒星和星系的距离。我们刚刚发现了半个世纪前就被理论预言的希格斯子，它是真空精细结构的一种显现。今天，一定有一种理论可以解答宇宙大爆炸的奇点问题，也能解答在普朗克尺度下，当经典的时间空间不再成立时，物理学会变成什么样子的问题。

所有的研究都表明，宇宙在它最小的尺度——普朗克尺度和最大尺度——哈勃尺度都是最简单的。也许，一个活体细胞的大小是这两个尺度的几何平均并不是单纯的巧合。这是生命的尺度，是我们生活的现实，也是宇宙中最复杂的尺度。

我们生活的世界也有很多不快乐的因素。在这些章节中，我将数字革命带来的信息爆炸，与物理学中的"紫外灾难"带来经典物理的退位相比较。我们可以进一步地去比较那些自私和个人主义的行为带来的环境和金融的危机。在物理学中，我认为"多重宇宙"也是从碎片化的角度得出的结论，它是对科学的基本法则丧失信心的一种表现。但是，我相信这些困难就如同当初的量子物理一样，最终会迫使我们以更整体化和更有远见的方法来重新缔造我们的世界。

对宇宙的欣赏以及我们对它的理解力，不仅使科学家就算是普通人都会从中受益。当我们面对狭隘的或人为制造的社会性问题或是政治性问题时，绚烂多彩的宇宙也许能够提供其解决问题的思路。自然的规划总是更加合理的，我们从中可以学到很多思考和解决问题的方法。对自然的热爱，可以把我们结合在一起，帮助我们更好地认识到我们虽然渺小却是浩瀚世界的一分子。随着归属感、责任感和为同一事业奋斗的理想而产生的经常是谦逊、同情心和智慧。很久以来社会满足于只是使用科学的成果，而不理解它。很久以来科学家很高兴只从事科学研究而忽视了其研究的目的。是时候把我们的科学和人性联系在一起了。这样我们就可以同时提高对科学和对社会的认识。如果我们能把智慧和内心联系在一起，我们就能打开一扇通往更加光辉未来的大门，一个更加统一和谐的行星，具有更加统一的科学：从扩展我们视角的量子技术到那些突破性的技术可以使我们更聪明地使用能源，实现星际旅行，并且打开新的世界。

活着是多么美好啊。真的，我们正面向一个史无前例的时代。

注　释

第一章　万能的魔法

1. James Clerk Maxwell, quoted in Basil Mahon, *The Man Who Changed Everything. The Life of James Clerk Maxwell* (Chichester: Wiley, 2004), 48.

2. Aristotle, quoted in Kitty Ferguson, Pythagoras: *His Lives and the Legacy of a Rational Universe* (London: Icon Books, 2010),108.

3. W. K. C. Guthrie, quoted in ibid., 74.

4. Richard P Feynman, as told to Ralph Leighton, "*Surely You're Joking Mr. Feynman!*": *Adventures of a Curious Character, ed.Edward Hutchings* (New York: W. W. Norton, 1997),132.

5. David Hume, *An Enquiry Concerning Human Understanding, ed.Peter Millican* (Oxford: Oxford University Press, 2008), 5.

6. Ibid., 6.

7. David Hume to "Jemmy" Birch, 1785, letter, quoted in E. C.Mossner, The Life of David Hume (Oxford: Oxford University Press, 2011), 626.

8. David Hume, An Enquiry Concerning Human Understanding, ed.Peter Millican (Oxford: Oxford University Press, 2008) , 2.

9. Ibid., 45.

10. Ibid.,120.

11. Ibid., 45.

12. See, for example, "Geometry and Experience," Albert Einstein's address to the Prussian Academy of Sciences, Berlin, January 27,1921, *in Sidelights on Relativity.*, trans. G. B. Jeffery and W.Perrett (1922; repr., Mineola, NY: Dover, 1983), 8-16.

13. Leonardo da Vinci, *Selections from the Notebooks of Leonardo da Vinci*, ed. Irma Richter (London: Oxford University Press, 1971), 2.

14. Ibid., 7.

15. *The Notebooks of Leonardo da Vinci,* vol. 1, Wikisource, accessed July 4, 2012, http://en.wikisource.org/wiki/The_Notebooks_of Leonardo_Da_Vinci/I.

16. Albert Einstein, "Geometry and Experience" (address to the Prussian Academy of Sciences, Berlin, January 27, 1921), in *Sidelights on Relativity*, trans. G. B Jeffery and W. Perrett (1922; repr., Mineola, NY: Dover, 1983), 8.

17. ikipedia, s.v. "Mathematical Beauty," accessed July 3, 2012, http://en.wikipedia.org/wiki/Mathematical_beauty.

18. For an interesting discussion of this, see Eugene P. Wigner, "The Unreasonable Effectiveness of Mathematics in the Natural Sciences" (Richard Courant Lecture in Mathematical Sciences, New York University, May 11, 1959), *Communications on Pure and Applied Mathematics 13*, no. 1 (1960):1-14.

19. Albert Einstein, quoted in Dava Sobel, *Galileo's Daughter: A Historical Memoir of Science, Faith, and Love* (New York: Walker,1999), 326.

20. John Maynard Keynes, "Newton the Man," speech prepared forthe Royal Society, 1946. See http://www-history.mcs.st-and.ac.uk/Extras/Keynes_Newton.html.

21. Arthur Herman, How the Scots Invented the Modern World: *TheTrue Story of How Western Europe's Poorest Nation Created Our World and Everything in It* (New York: Three Rivers, 2001),190.

22. George Elder Davie, *The Democratic Intellect: Scotland and Her Universities in the Nineteenth Century* (Edinburgh: Edinburgh University Press, 1964),150.

23. J. Forbes, quoted in P Harman, ed., *The Scientific Letters and Papers of James Clerk Maxwell*, vol. 1, 1846—1862 (Cambridge:Cambridge University Press, 1990), 8.

24. Alan Hirshfeld, *The Electric Life of Michael Faraday* (New York: Walker, 2006),185.

25. John Meurig Thomas, "The Genius of Michael Faraday," lecture given at the University of Waterloo, 27 March 2012.

26. These are Cartesian coordinates, invented by the French philosopher Rene Descartes.

27. Michael Faraday to J. C. Maxwell, letter, 25 March 1857, in P. Harman, ed., *The Scientific Letters and Papers of James Clerk Maxwell*, vol. 1, 1846—1862 (Cambridge: Cambridge University Press, 1990), 548.

28. Alan Hirshfeld, *The Electric Life of Michael Faraday* (New York: Walker, 2006),185.

29. J. C. Maxwell to Michael Faraday, letter, 19 October 1861, in P. Harman, ed., *The Scientific Letters and Papers of James Clerk Maxwell*, vol. 1, 1846-1862 (Cambridge: Cambridge University Press, 1990), 684-86.

第二章　我们想象的现实世界

1. John Bell, "Introduction to the Hidden_Variable Question"(1971), in *Quantum Mechanics, High Energy Physics and Accelerators: Selected Papers of John S. Bell (with Commentary)*, ed. M. Bell, K. Gottfried, and M. Veltman (Singapore: World Scientific, 1995), 716.

2. Albert Einstein, "How I Created the Theory of Relativity," trans.Yoshimasa A. Ono, *Physics Today* 35, no. 8 (1982): 45-7.

3. Carlo Rovelli, *The First Scientist: Anaximander and His Legacy*(Yardley, PA: Westholme, 2011).

4. Wikipedia, s.v. "Anaximander," accessed April 15, 2012, http://en.wikipedia.org/wiki/Anaximander, and "Suda," accessed April15, 2012, http://en.wikipedia.org/wiki/Suda.

5. Werner Heisenberg, "Quantum-Mechanical Re-interpretation of Kinematic and Mechanical Relations," in *Sources of Quantum Mechanics*, ed. B. L. van der Waerden (Amsterdam: North-Holland, 1967), 261-76.

6. Werner Heisenberg, quoted in J. C. Taylor, *Hidden Unity in Nature's Laws* (Cambridge: Cambridge University Press, 2001),225.

7. Lauren Redniss, Radioactive: Marie and Pierre Curie: *A Tale of Love and Fallout* (HarperCollins, 2010),17.

8. Werner Heisenberg, quoted in F. Selleri, *Quantum Paradoxes and Physical Reality* (Dordrecht, Netherlands: Kluwer,1990), 21.

9. Wikipedia, s.v., "Max Planck," accessed July 10, 2012, http://en.wikipedia.org/wiki/Max-Planck.

10. Ibid.

11. Ibid.

12. Albert Einstein, quoted in Abraham Pais, Inward Bound: *Of Matter and Forces in the Physical World* (New York: Oxford University Press, 1986), 134.

13. Susan K. Lewis and Neil de Grasse Tyson, "Picturing Atoms"(transcript from NOVA Science NOW), PBS, accessed July 4, 2012,http://www.pbs.org/wgbh/nova/physics/atoms-electrons.html.

14. Clifford Pickover, *The Math Book: From Pythagoras to the 57th Dimension, 25o Milestones in the History of Mathematics* (New York: Sterling, 2009),118-24.

15. Richard P. Feynman, Robert B. Leighton, and Matthew Sands, *The Feynman Lectures on Physics, vol.* 1(Reading, MA: Addison-Wesley,1964), 22.

16. Werner Heisenberg, "Ueber den anschaulichen Inhalt derquantentheoretischen Kinematik und Mechanik," *Zeitschrift fürPhysik* 43 (1927),172-98. English translation in John Archibald Wheeler and Wojciech H. Zurek, eds., Quantum Theory and Measurement (Princeton, NJ: Princeton University Press, 1983),62-84.

17. There is a beautiful animation of diffraction and interference from two slits on Wikipedia, s.v. "Diffraction," accessed July 2, 2012, http://en.wikipedia.org/wiki/Diffraction.

18. F. Scott Fitzgerald, *The Crack-Up* (New York: New Directions,1993), 69.

19. Werner Heisenberg, *Physics and Beyond: Encounters and* Conversations (New York: Harper & Row, 1971), 81.

20. Irene Born, trans., *The Born-Einstein Letters, 1961—1955:Friendship, Politics and Physics in Uncertain Times* (New York:Walker, 1971), 223.

21. My discussion here is a simplified version of David Mermin's simplified version of Bell's Theorem, presented in N. D. Mermin, "Bringing Home the Atomic World: Quantum Mysteries for Anybody," *American Journal of Physics* 49, no. 10 (1981): 940. See also Gary Felder, "Spooky Action at a Distance" (1999), North Carolina University, accessed July 4, 2012, http://www4.ncsu.edu/unity/lockers/users/f/felder/public/kenny/papers/bell.html.

22. H. Minkowski, "Space and Time," in H. A. Lorentz, A. Einstein,H. Minkowski, and H. Weyl, *The Principle of Relativity*, trans.W. Perrett and G. B. Jeffery (1923; repr., Mineola, NY: DoverPublications, 1952), 75-91.

第三章　到底什么炸了？

1. Thomas Huxley, "On the Reception of the Origin of Species"(1887), in Francis Darwin, ed., *The Life and Letters of Charles Darwin*, vol. 1(New York: Appleton,1904), accessed online athttp://www.gutenberg.org/files/2089/2089-h/2089-h.htm.

2. John Archibald Wheeler, "How Come the Quantum?" *Annals of the New York Academy of Sciences* 480, no.1(1986): 304-16.

3. Albert Einstein, quoted in Antonina Vallentin, *Einstein: A Biography* (Weidenfeld & Nicolson,1954), 24.

4. Luc Ferry, *A Brief History of Thought: A Philosophical Guide to Living* (New York: Harper Perennial, 2011),19.

5. Albert Einstein, "Über einen die Erzeugung und Verwandlung des Lichtes betreffenden heuristischen Gesichtspunk," *Annalen der Physik* 17, no. 6 (1905),132-48. A good Wikisource translation is available online at http://en.Wikisource.org/wiki/On_a_Heuristic_Point_of_View_about_the_Creation_and_Conversion_of_Light.

6. Albert Einstein, "Maxwell's Influence on the Development of the Conception of Physical Reality," *in James Clerk Maxwell: A Commemorative Volume* (New York: Macmillan, 1931), 71.

7. Max Planck invented so-called Planck units when thinking of how to combine gravity with quantum theory. The Planck scale is $L_p = (hG/c^3)^{1/2} = 4 \times 10^{-35}$ metres, a combination of Newton's gravitational constant; Planck's constant, h; and thespeed of light, c. Below the Planck length, the effects of quantumfluctuations become so large that any classical notion o# spaceand time becomes meaningless. The Planck energy is the energyassociated with a quantum of radiation with a wavelength equalto the Planck length, $E_p = (hc^5/G)^{1/2} = 1.4$ MWh.

8. Albert Einstein, quoted in Frederick Seitz, "James Clerk Maxwell(1831-1879), Member APS 1875," *Proceedings of the American Philosophical Society* 145, no. 1 (2001): 35. Available online at:http://www.amphilsoc.org/sites/default/files/Seitz.pdf.

9. Albert Einstein and Leopold Infeld, *The Evolution of Physics* (New York: Simon & Schuster,1938),197-8.

10. John Archibald Wheeler and Kenneth William Ford, *Geons, Black Holes, and Quantum Foam: A Life in Physics* (New York: W. W.Norton, 2000), 235.

11. George Bernard Shaw, "You Have Broken Newton's Back," in *The Book of the Cosmos: Imagining the Universe from Heraclitus to Hawking*, ed. D. R. Danielson (New York:

Perseus, 2000),392-3.

12. Irene Born, trans., *The Born-Einstein Letters, 1916—1955:Friendship, Politics and Physics in Uncertain Times* (New York:Walker, 1971), 223.

13. John Farrell, *The Day Without Yesterday. Lemaître, Einstein, and the Birth of Modern Cosmology* (New York: Basic Books, 2010),10.

14. Ibid, 207.

15. Abbé G. Lemaitre, "Contrîbutions to a British Association Discussion on the Evolution of the Universe," *Nature* 128(October 24,1931), 704-6.

16. Duncan Aikman, "Lemaitre Follows Two Paths to Truth," *New York Times Magazine*, February 19,1933.

17. Gino Segrè, *Ordinary Geniuses: Max Delbrück, George Gamow,and the Origins of Genomics and Big Bang Cosmology* (London:Viking, 2011), 146.

18. U.S. Space Objects Registry, accessed July 4, 2012, http://usspaceobjectsregistry.state. gov/registry/dsp-DetailView.cfm.

19. Adam Frank, *About Time: Cosmology and Culture at the Twilight of the Big Bang* (New York: Free Press, 2011),196-201.

20. Technically, this means that the cosmological constant is the unique type of matter that is Lorentz-invariant.

21. See Paul J. Steinhardt and Neil Turok, Endless Universe: Beyond the Big Bang (London: Weidenfeld & Nicolson, 2007).

22. 2Cicero, On the Nature of the Gods, Book 11, Chapter 46, quoted in ibid.,171.

23. G. Lemaitre, "L'Univers en expansion," *Annales de la Societe Scientifique de Bruxelles* A21(1933): 51.

第四章　一个公式决定的世界

1. Paul Dirac, quoted in Graham Farmelo, *The Strangest Man: The Hidden Life of Paul Dirac, Mystic of the Atom* (New York: Basic Books, 2010), 435.

2. H. Weyl, "Emmy Noether," *Scripta Mathematica* 3 (1935):201-20, quoted in Peter Roquette, "Emmy Noether and Hermann Weyl" (2008), an extended manuscript of a talk given at the Hermann Weyl Conference, Bielefield, Germany, September10, 2006 (see http://www.rzuser.uni-heidelberg.de/-ci3/weyl+noether.pdf), 22.

3. Albert Einstein, "The Late Emmy Noether," letter to the editor of the *New York Times*, published May 4,1935.

4. Helge Kragh, "Paul Dirac: The Purest Soul in an Atomic Age," in Kevin C. Knox and Richard Noakes, eds., *From Newton to Hawking: A History of Cambridge University's Lucasian Professors of Mathematics* (Cambridge: Cambridge University Press, 2003), 387.

5. John Wheeler, quoted by Sir Michael Berry in an obituary of Dirac. Available online at http://www.phy.bris.ac.uk/people/berry_mv/the_papers/Berry130.pdf.

6. P. A. M. Dirac, "The Evolution of the Physicist's Picture of Nature," *Scientific American* 208, no. 5 (May 1963): 45 — 53.

第五章　前所未有的机遇

1. The sole surviving fragment of Anaximander's works, as quoted by Simplicius (see http://www.iep.utm.edu/anaximan/#H4).

2. Louis C. K., during an appearance on *Late Night with Conan O'Brien*, originally aired on NBC on February 24, 2009.

3. John Gertner, *The Idea Factory: Bell Labs and the Great Age of American Innovation* (New York: Penguin, 2012).

4. Ibid., 149–52.

5. See the 1956 Nobel Prize lectures by Shockley, Brattain, and Bardeen, all of which are available online at http://www. nobelprize.org/nobel_prizes/physics/laureates/1956/.

6. Michael Riordan and Lillian Hoddeson, Crystal Fire: *The Invention of the Transistor and the Birth of the Information Age* (New York: W. W. Norton, 1997),115-41.

7. Sebastian Loth et al., "Bistability in Atomic-Scale Antiferromagnets," *Science* 335, no. 6065 (January 2012):196. For a lay summary, see http://www.ibm.com/smarterplanct/us/en/smarter_computing/article/atomic_scale_memory.htinl.

8. In fact, the quantum state of a qubit is specified by two real numbers, giving the location on a two−dimensional sphere.

9. A theorem due to Euclid, called the fundamental theorem of arithmetic, shows that such a factoring is unique.

10. Marshall McLuhan, *Understanding Me: Lectures and Interviews*, ed. Stephanie McLuhan and David Staines (Toronto: McClelland & Stewart, 2005), 56.

11. Marshall McLuhan and Bruce Powers, *Global Village:Transformations in World Life and Media in the 21St Century* (New York: Oxford University Press, 1992),143.

12. Pierre Teilhard de Chardin, quoted in Tom Wolfe's foreword to Marshall McLuhan, *Understanding Me: Lectures and Interviews*, ed. Stephanie McLuhan and David Staines (Toronto: McClelland& Stewart, 2005), xvii.

13. Pierre Teilhard de Chardin, *The Phenomenon of Man* (Harper Colophon, 1975), 221.

14. Julian Huxley, in introduction to Pierre Teilhard de Chardin, The Phenomenon of Man (Harper Collins Canada, 1975), 28.

15. Brian Aldiss, *The Detached Retina: Aspects of SF and Fantasy* (Liverpool: Liverpool University Press, 1995), 78.

16. Richard Holmes, *The Age of Wonder: How the Romantic Generation Discovered the Beauty and Terror of Science* (London: Harper Press, 2008), 295.

17. Ibid., 317.

18. Mary Shelley, *Frankenstein*, 3rd ed. (1831; repr., Mineola, NY:Dover, 1994), 31-2.

19. Percy Bysshe Shelley, "A Defence of Poetry" (1821), available online at http://www.bartleby.com/27/23.html.

20. Mary Shelley, *The Last Man* (1826; repr., Oxford: Oxford University Press, 2008),106.

21. Ibid., 219.

22. Ibid., 470.

23. Ibid., 220.

24. Steven Weinberg, *The First Three Minutes: A Modern View of the Origin of the Universe* (New York: Basic Books, 1977),144.

25. D. Albert, "On the Origin of Everything," *New York Times*, March 23, 2012.

26. Richard Feynman, *The Pleasure of Finding Things Out* (London: Penguin, 2007), 248.

27. Richard Feynman, "The Uncertainty of Science," *in The Meaning of It All: Thoughts of a Citizen Scientist* (New York: Perseus, 1998),3.

28. Basil Mahon, *The Man Who Changed Everything: The Life of James Clerk Maxwell*, (Chichester: Wiley, 2004), 45.

29. See, for example, Elizabeth Asmis, *Epicurus' Scientific Method* (Ithaca, NY: Cornell University Press, 1984).

延伸阅读

Albert, David. *Quantum Mechanics and Experience. Cambridge*, MA:Harvard University Press, 1994.

Deutsch, David. *The Beginning of Infinity*. New York: Viking, 2011.

Diamandis, Peter H., and Steven Kotler. Abundance: *The Future is Better Than You Think*. New York: Free Press, 2012.

Falk, Dan. *In Search of Time: Journeys Alonga Curious Dimension*. Toronto: McClelland & Stewart, 2008.

Gowers, Timothy. *Mathematics*. New York: Sterling, 2010.

Greene, Brian. *The Fabric of the Cosmos: Space, Time and the Texture of Reality*. New York: Vintage, 2005.

Guth, Alan. The Inflationary Universe: *The Quest for a New Theory of Cosmic Origins*. New York: Basic Books, 1998.

Hawking, Stephen. *A Brief History of Time*. New York: Bantam, 1998.

Penrose, Roger. *The Road to Reality. A Complete Guide to the Laws of the Universe*. New York: Vintage, 2007

Sagan, Carl. *Cosmos*. New York: Ballantine,1985.

Steinhardt, Paul J., and Neil Turok. *Endless Universe: Beyond the Big Bang—Rewriting Cosmic History*. New York: Broadway, 2008.

Weinberg, Steven. *The First Three Minutes: A Modern View of the Origin of the Universe*. New York: Basic Books, 1993.

Zeilinger, Anton. *Dance of the Photons: From Einstein to QuantumTeleportation*. New York: Farrar, Straus & Giroux, 2010.

致　　谢

　　我首先要衷心感谢我在新视野理论物理研究所的朋友和同事。在这里量子研究活跃在时间与空间领域。正是他们不断地鼓励和支持使得我克服困难完成了这部书稿。他们再一次让我意识到作为这个独特社区的一员是多么幸运。我要特别感谢新视野的创办者迈克·拉扎里迪斯给予了这个领域前所未有的前瞻性支持。我也要同时感谢迈克尔·杜思杰尼斯和约翰·马特洛克，他们提供了最出色的管理工作，保证了研究所的正常运行和对外联络。

　　在整个项目期间，亚利山德拉·卡斯特尔为我提供了持续的帮助。娜塔沙·魏兹曼担负了在成稿初期调研的主要工作，并且得到了艾瑞克·鲍和罗斯·迪纳尔的协助。丹尼尔·哥特斯曼、吕希安·哈代、艾德里安·肯特、罗布·迈尔斯、李·施莫林和保罗·斯坦哈特不厌其烦地阅读了初稿，并毫不吝啬地提出了非常宝贵的意见。我也在与很多同事的交流中获益匪浅，这里包括伊扎克·巴兹、劳伦特·费赖德尔、斯蒂芬·霍金、雷·拉夫拉姆、散度·蒲柏和文小刚。马尔科姆·朗盖尔非常慷慨地与我分享了他令人陶醉的新书《物理学中的量子概念》中有关量子力学的历史起源的论据。感谢你们的热忱和你们的睿智。当然如果这本书里有任何错误和误解都是我个人的责任。非常感谢克里斯·法克和埃里克·施奈特帮助准备了搜集和整理了书中的插图。

我要给在非洲数学研究所（AIMS）的所有同事和我们优秀的学生一个大大的感谢。这里我要特别提一下巴里·格林和蒂里·左马霍纳。我总是很高兴与你们工作和为你们工作。我要感谢你们在我写作过程中的耐心和理解，以及在我们共同事业上孜孜不倦的努力。

特殊的感谢给予加拿大广播公司的菲利浦·柯尔特和阿南希出版社的珍妮·尹，他们在关键的时刻给予了我启发性的建议。如果没有珍妮既严厉又热情的鼓励我不可能按计划完成写作。如果这本书还可读的话，这都是他们艰辛努力的结果。

最后也是最重要的，我要给科琳和鲁比一个大大的拥抱，没有他们我早就迷失了方向。